图书＋光盘＋手机
多媒体学习方式
三合一

Word/Excel/PowerPoint 2007
三合一办公应用

实战 从入门到精通

龙马工作室 编著

人民邮电出版社

北京

图书在版编目（CIP）数据

Word/Excel/PowerPoint 2007三合一办公应用实战从入门到精通 / 龙马工作室编著. -- 北京 ： 人民邮电出版社，2013.2（2016.9重印）
ISBN 978-7-115-30147-5

Ⅰ．①W… Ⅱ．①龙… Ⅲ．①文字处理系统②表处理软件③图形软件 Ⅳ．①TP391

中国版本图书馆CIP数据核字（2012）第312414号

内 容 提 要

本书通过精选案例引导读者深入学习，系统地介绍了 Word 2007、Excel 2007 和 PowerPoint 2007 的相关知识和应用方法。

全书共 22 章。第 1～4 章主要介绍 Word 文档的制作方法，包括基本文档的制作、文档的美化、页面版式的设计，以及文档的审阅与处理等；第 5～11 章主要介绍 Excel 电子表格的制作方法，包括 Excel 2007 的基本操作、输入和编辑数据、流程图的制作、公式与函数的应用、数据透视表和数据透视图、Excel 的数据分析功能，以及查看与打印工作表等；第 12～16 章主要介绍 PowerPoint 幻灯片的设计与制作，包括基本幻灯片的制作、幻灯片的美化、设置幻灯片的动画与交互效果、幻灯片的放映，以及幻灯片的打印与发布等；第 17～19 章主要介绍 Office 2007 的行业应用，包括文秘办公、人力资源管理，以及行政办公等；第 20～22 章主要介绍 Office 2007 的高级应用方法，包括 Office 组件的协同应用、辅助工具和使用手机移动办公等。

在本书附赠的 DVD 多媒体教学光盘中，包含了 17 小时与图书内容同步的教学录像及所有案例的配套素材和结果文件。此外，还赠送了大量相关学习内容的教学录像、Office 实用办公模板及扩展学习电子书等。为了满足读者在手机和平板电脑上学习的需要，光盘中还赠送了本书教学录像的手机版视频学习文件。

本书不仅适合 Word 2007、Excel 2007 和 PowerPoint 2007 的初、中级用户学习使用，也可以作为各类院校相关专业学生和电脑培训班学员的教材或辅导用书。

Word/Excel/PowerPoint 2007 三合一办公应用实战从入门到精通

◆ 编　　著　龙马工作室
　　责任编辑　张　翼

◆ 人民邮电出版社出版发行　　北京市崇文区夕照寺街 14 号
　　邮编　100061　　电子邮件　315@ptpress.com.cn
　　网址　http://www.ptpress.com.cn
　　北京画中画印刷有限公司印刷

◆ 开本：787×1092　1/16
　　印张：20
　　字数：564 千字　　　　　　　　2013 年 2 月第 1 版
　　印数：5 4001-5 8000册　　　　　2016 年 9 月北京第 16 次印刷

ISBN 978-7-115-30147-5

定价：59.00 元（附光盘）
读者服务热线：(010)67132692　印装质量热线：(010)67129223
反盗版热线：(010)67171154
广告经营许可证：京东工商广字第 8052 号

Preface 前言

随着社会信息化的不断普及，计算机已经成为人们工作、学习和日常生活中不可或缺的工具，而计算机的操作水平也成为衡量一个人综合素质的重要标准之一。为满足广大读者的实际应用需要，我们针对不同学习对象的接受能力，总结了多位计算机高手、国家重点学科教授及计算机教育专家的经验，精心编写了这套"实战从入门到精通"系列图书。

一、系列图书主要内容

本套图书涉及读者在日常工作和学习中各个常见的计算机应用领域，在介绍软硬件的基础知识及具体操作时，均以读者经常使用的版本为主，在必要的地方也兼顾了其他版本，以满足不同读者的需求。本套图书主要包括以下品种。

《跟我学电脑实战从入门到精通》	《Word 2003办公应用实战从入门到精通》
《电脑办公实战从入门到精通》	《Word 2010办公应用实战从入门到精通》
《笔记本电脑实战从入门到精通》	《Excel 2003办公应用实战从入门到精通》
《电脑组装与维护实战从入门到精通》	《Excel 2010办公应用实战从入门到精通》
《黑客攻击与防范实战从入门到精通》	《PowerPoint 2003办公应用实战从入门到精通》
《Windows 7实战从入门到精通》	**《PowerPoint 2010办公应用实战从入门到精通》**
《Windows 8实战从入门到精通》	《Office 2003办公应用实战从入门到精通》
《Photoshop CS5实战从入门到精通》	《Office 2010办公应用实战从入门到精通》
《Photoshop CS6实战从入门到精通》	《Word/Excel 2003办公应用实战从入门到精通》
《AutoCAD 2012实战从入门到精通》	《Word/Excel 2010办公应用实战从入门到精通》
《AutoCAD 2013实战从入门到精通》	《Word/Excel/PowerPoint 2003三合一办公应用实战从入门到精通》
《CSS 3+DIV网页样式布局实战从入门到精通》	《Word/Excel/PowerPoint 2007三合一办公应用实战从入门到精通》
《HTML 5网页设计与制作实战从入门到精通》	《Word/Excel/PowerPoint 2010三合一办公应用实战从入门到精通》

二、写作特色

从零开始，循序渐进

无论读者是否从事计算机相关行业的工作，是否接触过Word 2007、Excel 2007和PowerPoint 2007，都能从本书中找到最佳的学习起点，循序渐进地完成学习过程。

紧贴实际，案例教学

全书内容均以实例为主线，在此基础上适当扩展知识点，真正实现学以致用。

全彩排版，图文并茂

全彩排版既美观大方又能够突出重点、难点。所有实例的每一步操作，均配有对应的插图和注释，以便读者在学习过程中能够直观、清晰地看到操作过程和效果，提高学习效率。

单双混排，超大容量

本书采用单、双栏混排的形式，大大扩充了信息容量，在300多页的篇幅中容纳了传统图书600多页的内容，从而在有限的篇幅中为读者奉送了更多的知识和实战案例。

独家秘技，扩展学习

本书在每章的最后，以"高手私房菜"的形式为读者提炼了各种高级操作技巧，而"举一反三"栏目更是为知识点的扩展应用提供了思路。

📄 书盘结合，互动教学

本书配套的多媒体教学光盘内容与书中知识紧密结合并互相补充。在多媒体光盘中，我们仿真工作、生活中的真实场景，通过互动教学帮助读者体验实际应用环境，从而全面理解知识点的运用方法。

三、光盘特点

◎ 17小时全程同步视频教学录像

光盘涵盖本书所有知识点的同步教学录像，详细讲解每个实战案例的操作过程及关键步骤，帮助读者更轻松地掌握书中所有的知识内容和操作技巧。

◎ 超多、超值资源

除了与图书内容同步的视频教学录像外，光盘中还赠送了大量相关学习内容的教学录像、Office实用办公模板、扩展学习电子书及本书所有案例的配套素材和结果文件等，以方便读者扩展学习。为了满足读者在手机和平板电脑上学习的需要，光盘中还赠送了本书教学录像的手机版视频学习文件。

◎ 手机版视频教学录像

将手机版视频教学录像复制到手机后，即可在手机上随时随地跟着教学录像进行学习。

四、配套光盘运行方法

Windows XP操作系统

〔1〕 将光盘放入光驱中，几秒钟后光盘就会自动运行。

〔2〕 若光盘没有自动运行，可以双击桌面上的【我的电脑】图标🖥️，打开【我的电脑】窗口，然后双击【光盘】图标💿，或者在【光盘】图标💿上单击鼠标右键，在弹出的快捷菜单中选择【自动播放】选项，光盘就会运行。

Windows 7操作系统

〔1〕 将光盘放入光驱中，几秒钟后系统会弹出【自动播放】对话框，如左下图所示。

〔2〕 单击【打开文件夹以查看文件】链接以打开光盘文件夹，用鼠标右键单击光盘文件夹中的MyBook.exe文件，并在弹出的快捷菜单中选择【以管理员身份运行】菜单项，打开【用户账户控制】对话框，如右下图所示，单击【是】按钮，光盘即可自动播放。

〔3〕 再次使用本光盘时，将光盘放入光驱后，双击光驱盘符或单击系统弹出的【自动播放】对话框中的【运行MyBook.exe】链接，即可运行光盘。

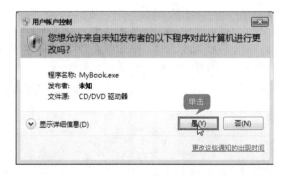

五、光盘使用说明

1. 在电脑上学习光盘内容的方法

〔1〕 光盘运行后会首先播放片头动画，之后进入光盘的主界面。其中包括【课堂再现】、【学习笔记】、【手机版】三个学习通道，和【素材文件】、【结果文件】、【赠送资源】、【帮助文件】、【退出光盘】五个功能按钮。

〔2〕 单击【课堂再现】按钮，进入多媒体同步教学录像界面。在左侧的章号按钮（如此处为 第7章 ）上单击鼠标左键，在弹出的快捷菜单上单击要播放的节名，即可开始播放相应的教学录像。

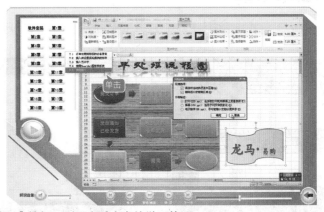

〔3〕 单击【学习笔记】按钮，可以查看本书的学习笔记。

〔4〕 单击【手机版】按钮，可以查看手机版视频教学录像。

〔5〕 单击【素材文件】、【结果文件】、【赠送资源】按钮，可以查看对应的文件和资源。

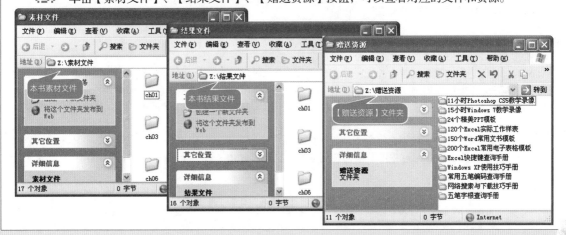

〔6〕 单击【帮助文件】按钮，可以打开"光盘使用说明.pdf"文档，该说明文档详细介绍了光盘在电脑上的运行环境、运行方法，以及在手机上如何学习光盘内容等。

〔7〕 单击【退出光盘】按钮，即可退出本光盘系统。

2. 在手机上学习光盘内容的方法

〔1〕 将安卓手机连接到电脑上，把光盘中赠送的手机版视频教学录像复制到手机上，即可利用已安装的视频播放软件学习本书的内容。

〔2〕 将iPhone/iPad连接到电脑上，通过iTunes将随书光盘中的手机版视频教学录像导入设备中，即可在iPhone/iPad上学习本书的内容。

〔3〕 如果读者使用的是其他类型的手机，可以直接将光盘中的手机版视频教学录像复制到手机上，然后使用手机自带的视频播放器观看视频。

六、创作团队

本书由龙马工作室策划编著，乔娜、赵源源任主编，参与本书编写、资料整理、多媒体开发及程序调试的人员有孔万里、李震、周奎奎、刘卫卫、胡芬、陈芳、彭超、李东颖、左琨、邓艳丽、任芳、王杰鹏、崔姝怡、左花苹、刘锦源、普宁、王常吉、师鸣若、钟宏伟、陈川、刘子威、徐永俊、朱涛、张允、杨雪青、孙娟和王菲等。

在本书的编写过程中，我们竭尽所能地将最好的内容呈现给读者，但也难免有疏漏和不妥之处，敬请广大读者不吝指正。读者在学习过程中有任何疑问或建议，可发送电子邮件至march98@163.com。

龙马工作室

目录 Contents

第1章 Word 2007 初体验——制作月末总结报告

 本章视频教学时间：35分钟

月末总结报告的主要作用是总结一个月的主要活动。Word 2007的记录文本文档，设置文本字体样式、段落样式功能，为制作月末总结报告提供了便利。

1.1 Word 2007的启动和退出...002

    1.1.1 启动Word 2007...002

    1.1.2 退出Word 2007...002

1.2 熟悉Word 2007的工作界面...003

1.3 输入月末总结内容...005

1.4 设置字体及字号...005

    1.4.1 设置字体...005

    1.4.2 设置字号...006

1.5 设置段落对齐方式...006

1.6 修改内容...007

    1.6.1 使用鼠标选取文本...007

    1.6.2 移动文本的位置...008

    1.6.3 删除与修改错误的文本...009

    1.6.4 查找与替换文本...009

高手私房菜 **011**

第2章 美化文档——制作公司宣传彩页

本章视频教学时间：27分钟

Word 2007提供的美化文档功能，可以帮助每一位办公人员制作出色彩绚丽、能充分展示公司形象的宣传彩页。

2.1 设置公司宣传页页面版式...014

    2.1.1 设置页边距...014

    2.1.2 设置纸张...015

2.1.3 设置版式 016

2.1.4 设置文档网格 017

2.2 使用艺术字美化宣传彩页 018

2.2.1 插入艺术字 018

2.2.2 修改艺术字样式 019

2.3 设置宣传页页面颜色 020

2.4 插入与设置图片和剪贴画 021

2.4.1 插入与设置图片 021

2.4.2 插入与设置剪贴画 023

高手私房菜 **025**

第3章 页面版式的设计与应用——制作毕业论文

本章视频教学时间：40分钟

Word 2007提供有版式设计功能，不仅能设置毕业论文的格式，使其统一规范，还可以为毕业论文设置页码并提取论文目录。

3.1 毕业论文设计分析 028

3.2 设置论文首页 029

3.3 对毕业论文进行排版 031

3.3.1 设置段落格式、文字样式和编号 031

3.3.2 设置分栏排版 031

3.3.3 插入分页符 032

3.4 设置大纲级别 033

3.5 快速定位文档 034

3.6 统计字数 034

3.7 插入页码 035

3.8 插入与修改页眉和页脚 036

3.9 提取目录 038

3.10 更新目录 039

3.11 使用各种视图查看论文 039

高手私房菜 **041**

第4章 审阅与处理文档 ——制作公司年度报告

本章视频教学时间：59分钟

一份完整的公司年度报告，必须要保证其内容的正确性和完整性。Word 2007提供的检查、审阅与打印功能，可以让错误无处藏身。

4.1 错误处理 044

　4.1.1 拼写和语法检查 044

　4.1.2 自动处理错误 045

4.2 自动更改字母大小写 046

4.3 定位文档 047

4.4 查找替换功能 047

4.5 审阅文档 048

　4.5.1 添加批注和修订 048

　4.5.2 编辑批注 049

　4.5.3 查看及显示批注和修订的状态 049

　4.5.4 接受或拒绝批注和修订 051

4.6 限制编辑 052

4.7 发送文档 053

高手私房菜 **054**

第5章 Excel 2007 的基本操作——制作销售报表

本章视频教学时间：52 分钟

销售报表是较简单的报表，在制作时主要涉及了Excel 2007的新建工作表，输入内容、快速填充表格数据、单元格的操作、行和列的基本操作等内容。

5.1 Excel 2007的启动和退出 056

5.2 Excel 2007的工作界面 057

5.3 设置工作表 058

　5.3.1 更改工作表的名称 058

　5.3.2 创建新的工作表 059

　5.3.3 选择单个或多个工作表 060

　5.3.4 工作表的移动与复制 060

　5.3.5 删除工作表 061

5.4 输入销售报表内容 062

5.5 设置文字格式 062

5.6 调整单元格大小 063

    5.6.1 调整单元格行高 063

    5.6.2 调整单元格的列宽 064

    5.6.3 合并与拆分单元格 064

5.7 添加边框 065

高手私房菜 **066**

第6章 输入和编辑数据——制作员工通讯录

本章视频教学时间：1小时16分钟

制作员工通讯录时，免不了要输入一些繁琐的数据，如果使用Excel 2007输入和编辑员工通讯录，将会事半功倍。

6.1 创建Excel 2007工作簿 068

    6.1.1 Excel 2007文件的类型 068

    6.1.2 使用模板快速创建工作簿 068

6.2 插入或删除行/列 069

    6.2.1 删除行 069

    6.2.2 插入列 070

6.3 输入通讯录内容 070

    6.3.1 单元格的数据类型 071

    6.3.2 数据输入技巧 073

    6.3.3 输入数据 076

6.4 快速填充表格数据 076

    6.4.1 使用填充柄填充表格数据 077

    6.4.2 使用填充命令填充表格数据 078

    6.4.3 使用数值序列填充表格数据 078

6.5 复制与移动单元格区域 078

    6.5.1 利用鼠标复制与移动单元格区域 079

    6.5.2 利用剪贴板复制与移动单元格区域 079

6.6 查找与替换 080

6.7 撤消与恢复 081

高手私房菜 **082**

第 7 章 丰富 Excel 的内容——制作公司订单流程图

本章视频教学时间：47分钟

在使用SmartArt制作公司订单流程图的过程中，搭配上插入的图片和艺术字可以使Excel工作表不再单调，内容更丰富。

7.1 订单处理流程图的必备要素 084

7.2 插入并设置系统提供的形状 084

    7.2.1 Excel支持的插图格式 084

    7.2.2 插入形状 084

    7.2.3 在形状中插入文字 085

    7.2.4 设置形状效果 086

7.3 插入艺术字 086

    7.3.1 添加艺术字 086

    7.3.2 设置艺术字的格式 087

7.4 使用SmartArt图形和形状 090

    7.4.1 SmartArt图形的作用和种类 090

    7.4.2 创建组织结构图 092

    7.4.3 更改SmartArt图形布局 094

    7.4.4 更改形状样式 094

    7.4.5 调整SmartArt图形的大小 095

7.5 使用图片 095

    7.5.1 插入图片 095

    7.5.2 快速应用图片样式 096

    7.5.3 调整图片大小和裁剪图片 096

    7.5.4 缩小图片文件的大小 097

    7.5.5 调整图片的显示 098

    7.5.6 设置边框和图片效果 098

    7.5.7 设置背景图片 099

高手私房菜 **100**

第 8 章 函数的应用——设计薪资管理系统

本章视频教学时间：1小时42分钟

使用Excel 2007来设计薪资管理系统就离不开Excel的自动化计算功能，通过公式和函数的使用来计算结果，提高工作效率。

8.1 薪资管理系统的必备要素 102

8.2 认识函数 102

    8.2.1 函数的概念 102

    8.2.2 函数的组成 103

    8.2.3 函数的分类 104

8.3 输入函数并自动更新工资 104

    8.3.1 输入函数 105

    8.3.2 自动更新基本工资 106

8.4 奖金及扣款数据的链接 107

8.5 计算个人所得税 109

8.6 计算个人应发工资 110

8.7 其他常用函数 111

    8.7.1 文本函数 111

    8.7.2 日期与时间函数 112

    8.7.3 统计函数 114

    8.7.4 财务函数 114

高手私房菜 **116**

第 9 章 数据透视表 / 图的应用
——设计销售业绩透视表与透视图

📽 本章视频教学时间：37分钟

设计产品销售透视表与透视图可以更加清晰、便捷的展示出数据的整体汇总情况。

9.1 数据准备及需求分析 118

9.2 设计销售业绩透视表 118

    9.2.1 创建销售业绩透视表 119

    9.2.2 编辑透视表 120

    9.2.3 美化透视表 122

9.3 设计销售业绩透视图 123

    9.3.1 创建数据透视图 123

    9.3.2 编辑数据透视图 125

    9.3.3 美化数据透视图 126

高手私房菜 **127**

第 10 章 Excel 的专业数据分析功能——分析产品销售明细清单

本章视频教学时间：1小时7分钟

Excel 2007提供设置数据有效性、排序数据、筛选数据和分类汇总功能可以帮助用户进行专业分析。

10.1 排序数据 130
10.1.1 单条件排序 130
10.1.2 多条件排序 130
10.1.3 按行排序 131
10.1.4 按列排序 132
10.1.5 自定义排序 133
10.2 筛选数据 134
10.2.1 自动筛选 134
10.2.2 高级筛选 135
10.2.3 自定义筛选 136
10.3 使用条件格式 137
10.3.1 条件格式综述 138
10.3.2 设定条件格式 138
10.3.3 管理和清除条件格式 139
10.4 突出显示单元格效果 140
10.5 设置数据的有效性 141
10.5.1 设置数字范围 141
10.5.2 设置输入错误时的警告信息 142
10.5.3 设置输入前的提示信息 143
10.6 数据的分类汇总 143
10.6.1 简单分类汇总 143
10.6.2 多重分类汇总 144
10.6.3 分级显示数据 145
10.6.4 清除分类汇总 146
10.7 合并计算 146

高手私房菜 148

第 11 章 查看与打印工作表——打印员工基本资料表

本章视频教学时间：54分钟

在打印工作表之前，在Excel 2007中可以使用各种方式查看工作表，然后根据需要设置页面。

11.1 使用视图方式查看 150

11.1.1 普通查看 150

11.1.2 按页面查看 150

11.1.3 全屏查看 151

11.2 对比查看数据 152

11.2.1 在多窗口中查看 152

11.2.2 拆分查看 153

11.3 查看其他区域的数据 153

11.3.1 冻结查看 153

11.3.2 缩放查看 154

11.3.3 隐藏和查看隐藏 155

11.4 添加打印机 155

11.5 设置打印页面 157

11.5.1 页面设置 157

11.5.2 设置页边距 157

11.5.3 设置页眉页脚 158

11.5.4 设置打印区域 160

11.6 打印工作表 161

11.6.1 打印预览 161

11.6.2 打印当前工作表 161

11.6.3 仅打印指定区域 162

高手私房菜 163

第 12 章 PowerPoint 2007 的基本操作
——制作大学生演讲与口才实用技巧 PPT

本章视频教学时间：38分钟

掌握PowerPoint 2007的基本操作，是学好幻灯片的制作是基础。

12.1 PPT制作的最佳流程 166

12.2 启动PowerPoint 2007 166

12.3 认识PowerPoint 2007的工作界面 167

12.4 幻灯片的基本操作 170

　　12.4.1 新建幻灯片 170

　　12.4.2 为幻灯片应用布局 171

　　12.4.3 删除幻灯片 171

12.5 输入文本 172

　　12.5.1 输入首页幻灯片标题 172

　　12.5.2 在文本框中输入文本 173

12.6 文字设置 173

　　12.6.1 字体设置 174

　　12.6.2 颜色设置 174

12.7 设置段落样式 176

　　12.7.1 对齐方式设置 176

　　12.7.2 设置文本段落缩进 176

12.8 添加项目符号或编号 177

　　12.8.1 为文本添加项目符号或编号 177

　　12.8.2 更改项目符号或编号的外观 177

12.9 保存设计好的文稿 179

高手私房菜 **179**

第 13 章 设计图文并茂的 PPT——制作公司宣传 PPT

📷 本章视频教学时间：49分钟

一份内容丰富，样式新颖的公司宣传PPT，更能够有效的传达需要表达的信息。因此，在制作公司宣传PPT时，添加一些图片、艺术字和表格等元素，一定会有意想不到的效果。

13.1 公司宣传PPT的制作分析 182

13.2 使用艺术字输入标题 182

　　13.2.1 插入艺术字 182

　　13.2.2 更改艺术字样式 183

13.3 输入文本 184

13.4 插入图片 184

　　13.4.1 插入图片 184

　　13.4.2 调整图片的大小 185

13.4.3 裁剪图片 185

13.4.4 旋转图片 186

13.4.5 为图片设置样式 186

13.4.6 为图片设置颜色效果 186

13.5 插入剪贴画 187

13.6 使用形状 187

13.6.1 绘制形状 188

13.6.2 排列形状 188

13.6.3 组合形状 188

13.6.4 设置形状的样式 189

13.6.5 在形状中添加文字 189

13.7 SmartArt图形 190

13.7.1 了解SmartArt图形 190

13.7.2 创建组织结构图 190

13.7.3 添加与删除形状 191

13.7.4 设置SmartArt图形 191

13.8 使用表格 192

13.8.1 了解图表 192

13.8.2 插入图表 192

13.8.3 使用其他图表 193

高手私房菜 **194**

第 14 章 为幻灯片设置动画及交互效果——制作行销企划案

本章视频教学时间：51分钟

在制作行销企划案时加入动画，可以让幻灯片内容通过不同的方式动起来；在幻灯片之间添加过度效果，可以让每一张幻灯片给人耳目一新的感觉。

14.1 PPT动画使用要素及原则 196

14.1.1 动画的要素 196

14.1.2 动画的原则 196

14.2 为幻灯片创建动画 197

14.2.1 创建进入动画 197

14.2.2 创建强调动画 198

14.2.3 创建路径动画 199

14.2.4 创建退出动画 199

14.3 设置动画 200

14.3.1 查看动画列表 200

14.3.2 调整动画顺序 201

14.3.3 设置动画时间 201

14.4 触发动画 201

14.5 测试动画 202

14.6 移除动画 202

14.7 为幻灯片添加切换效果 203

14.7.1 添加切换效果 203

14.7.2 设置切换效果 203

14.7.3 添加切换方式 204

14.8 创建超链接和创建动作 204

14.8.1 创建超链接 204

14.8.2 创建动作 205

高手私房菜 **206**

第 15 章 幻灯片演示——放映公司简介 PPT

本章视频教学时间：43分钟

选择合适的幻灯片的播放方式，灵活地运用播放幻灯片的技巧，可以为PPT报告的过程增添色彩。

15.1 幻灯片演示原则与技巧 208

15.1.1 PPT的演示原则 208

15.1.2 PPT十大演示技巧 211

15.2 演示方式 216

15.2.1 演讲者放映 217

15.2.2 观众自行浏览 218

15.2.3 在展台浏览 218

15.3 开始演示幻灯片 219

15.3.1 从头开始放映 219

15.3.2 从当前幻灯片开始放映 219

15.3.3 自定义多种放映方式 220

15.3.4 放映时隐藏指定幻灯片 220

15.4 添加演讲者备注 221

15.4.1 添加备注 221

15.4.2 使用演示者视图 222

15.5 排练计时 222

高手私房菜 **223**

第 16 章 幻灯片的打印与发布——打印诗词鉴赏 PPT

本章视频教学时间：25分钟

观看PPT是需要PowerPoint的，如果电脑中没有安装PowerPoint，将PPT打包即可。

16.1 打印幻灯片 226
16.2 发布为其他格式 228
　　16.2.1 创建为PDF文档 228
　　16.2.2 保存为视频格式文档 229
16.3 在没有安装PowerPoint的电脑上放映PPT 229

高手私房菜 **232**

第 17 章 Office 2007 的行业应用——文秘办公

本章视频教学时间：37分钟

在文秘办公中，利用Office 2007软件，可以极大地提高文秘办公的效率和质量。

17.1 制作公司简报 234
　　17.1.1 制作报头 234
　　17.1.2 制作报核 236
　　17.1.3 制作报尾 237
17.2 制作日程安排表 237
　　17.2.1 设计表格 238
　　17.2.2 设置条件格式 239
17.3 制作会议PPT 241
　　17.3.1 创建会议首页幻灯片页面 241
　　17.3.2 创建会议内容幻灯片页面 243
　　17.3.3 创建会议讨论幻灯片页面 244
　　17.3.4 创建会议结束幻灯片页面 246

高手私房菜 **247**

第 18 章 Office 2007 的行业应用——人力资源管理

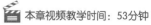 本章视频教学时间：53分钟

企业的人力资源管理者经常要处理各种系统而又复杂的组织工作，根据不同的需求需要制作各种文档、报表和幻灯片，Office 2007可以轻松做到。

18.1 制作求职信息登记表 250

18.1.1 页面设置 250

18.1.2 绘制整体框架 251

18.1.3 细化表格 252

18.1.4 输入文本内容 252

18.1.5 美化表格 253

18.2 制作员工年度考核系统 254

18.2.1 设置数据有效性 254

18.2.2 设置条件格式 255

18.2.3 计算员工年终奖金 256

18.3 制作员工培训PPT 256

高手私房菜 **258**

第 19 章 Office 2007 的行业应用——行政办公

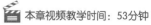 本章视频教学时间：46分钟

行政部门使用Office 2007办公，将会极大简化传统方式下繁琐而又重复的行政管理工作。

19.1 制作考勤管理规定 260

19.1.1 设置页面大小 260

19.1.2 撰写内容并设计版式 261

19.1.3 设计页眉页脚 261

19.2 制作公司组织结构图 262

19.3 制作会议记录表 264

19.3.1 新建会议记录表 264

19.3.2 设置文字格式 265

19.3.3 添加表格边框 266

19.4 制作公司宣传方案 267

19.4.1 创建产品宣传首页幻灯片页面 267

19.4.2 创建公司概况幻灯片页面 268

19.4.3 创建公司组织结构幻灯片页面 268

19.4.4 创建公司产品宣传展示幻灯片页面 270

19.4.5 设计产品宣传结束幻灯片 271

高手私房菜 **272**

第 20 章 Office 2007 的协同应用——办公组件间的协作

📽 本章视频教学时间：25分钟

Office 2007的各种软件之间可以相互调用，实现信息共享。

20.1 Word与Excel之间的协作 274

20.1.1 在Word中创建Excel工作表 274

20.1.2 在Word中调用Excel图表 274

20.2 Word与PowerPoint之间的协作 275

20.2.1 在Word中调用PowerPoint演示文稿 275

20.2.2 在Word中调用单张幻灯片 276

20.3 Excel与PowerPoint之间的协作 276

20.3.1 在PowerPoint中调用Excel工作表 276

20.3.2 在PowerPoint中调用Excel图表 277

高手私房菜 **277**

第 21 章 不只是 Office 2007 在战斗——辅助工具

📽 本章视频教学时间：36 分钟

网络中有许多Office插件，可以使Office的功能变的更加强大，同时也使操作更加简单。

21.1 使用Excel增强盒子绘制斜线表头 280

21.2 使用Excel增强盒子轻松为考场随机排座 280

21.3 使用Excel百宝箱修改文件创建时间 281

21.4 使用Office Tab在Word中加入标签 283

21.5 转换PPT为Flash动画 284

21.6 为PPT瘦身 285

高手私房菜 **286**

第22章 Office 跨平台应用——使用手机移动办公

本章视频教学时间: 21分钟

智能手机和平板电脑能够让你在公园、在公交车上办公,使您感受移动办公的快捷、高效与便利。

22.1 使用iPhone查看办公文档 288

    22.1.1 查看iPhone上的办公文档 288

    22.1.2 远程查看电脑上的办公文档 289

22.2 使用手机协助办公 290

    22.2.1 收发电子邮件 290

    22.2.2 编辑和发送文档 291

    22.2.3 在线交流工作问题 293

22.3 使用手机制作报表 294

    22.3.1 表与表之间的转换 294

    22.3.2 使用函数求和 294

22.4 使用手机定位幻灯片 295

22.5 使用平板电脑(iPad)编辑Word文档 296

高手私房菜 **298**

DVD 光盘赠送资源

1. 17小时与本书同步的视频教学录像

2. 11小时Photoshop CS5教学录像

3. 15小时Windows 7教学录像

4. 24个精美PPT模板

5. 120个Excel实际工作样表

6. 150个Word 常用文书模板

7. 200个Excel常用电子表格模板

8. Excel快捷键查询手册

9. Windows XP使用技巧手册

10. 常用五笔编码查询手册

11. 网络搜索与下载技巧手册

12. 五笔字根查询手册

13. 本书所有案例的素材和结果文件

第1章

Word 2007 初体验

——制作月末总结报告

 本章视频教学时间：35 分钟

使用Word 2007创建月末总结报告的方法很多。一般来说，启动 Word 2007软件后，系统会自动创建空白文档。输入文本并进行编辑、排版等相应的设置后，即可完成报告的创建工作。

【学习目标】

通过本章的学习，读者可以了解制作月末总结报告的方法。

【本章涉及知识点】

了解 Word 2007 的工作界面

设置字体字号

设置段落对齐方式

修改报告内容

1.1 Word 2007的启动和退出

本节视频教学时间：7分钟

本节介绍如何启动和退出Word 2007，这是使用Word 2007编辑文档的前提条件。

1.1.1 启动Word 2007

正常启动Word 2007的具体步骤如下。

1 启动Word 2007

单击任务栏中的【开始】按钮，在弹出的【开始】菜单中选择【所有程序】▶【Microsoft Office】▶【Microsoft Office Word 2007】菜单命令启动Word 2007。

2 创建新的空白文档

随即会打开Word 2007并创建一篇新的空白文档。

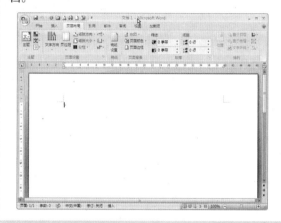

工作经验小贴士

除了使用正常启动的方法启动Word 2007外，还可以使用其他的一些快捷方式。

1.1.2 退出Word 2007

完成对文档的编辑处理后即可退出Word文档。

1 右击文档标题栏

右击文档标题栏，在弹出的控制菜单中选择【关闭】菜单命令。

2 弹出信息提示对话框

如果在退出之前没有保存修改过的文档，在退出文档时Word 2007系统就会弹出一个保存文档的信息提示对话框。

工作经验小贴士

在此Word文档中，单击【取消】按钮不关闭文档。

1.2 熟悉Word 2007的工作界面

 本节视频教学时间：6分钟

　　Word 2007采用了全新的操作界面，它的工作区域包括【Office】按钮、标题栏、快速访问工具栏、功能区、文本编辑区和状态栏等。

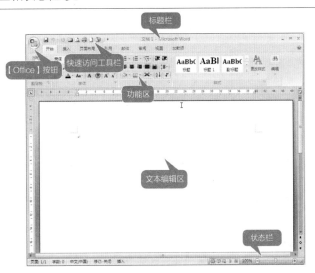

1.【Office】按钮

　　在Word 2007操作界面中，【Office】按钮 位于窗口的最左上方，单击此按钮会弹出一个下拉菜单，在下拉列表中主要包含了【新建】、【打开】、【保存】、【另存为】、【打印】和【准备】等11个选项。

2. 标题栏

　　标题栏中间显示当前文件的文件名和正在使用的Office组件的名称，例如"文档1—Microsoft Word"。标题栏的右侧有如下3个窗口控制按钮。

　　【最小化】按钮 － ：位于标题栏的右侧，单击此按钮，可以将窗口最小化，缩小成一个小按钮显示在任务栏上。

　　【最大化】按钮 □ 和【还原】按钮 □：位于标题栏的右侧，这两个按钮不会同时出现。当窗口不是最大化时，单击此按钮可以使窗口最大化，占满整个屏幕；当窗口是最大化时，单击此按钮可以使窗口恢复到原来的大小。

　　【关闭】按钮 ✕ ：位于标题栏的最右侧，单击此按钮，可以退出整个Word 2007应用程序。

3. 快速访问工具栏

用户可以使用快速访问工具栏实现常用的功能，例如保存、撤消、恢复、打印预览和快速打印等。

4. 功能区

功能区是菜单和工具栏的主要显示区域，几乎涵盖了所有的按钮、库和对话框。功能区首先将控件对象分为多个选项卡，然后在选项卡中将控件细化为不同的组。

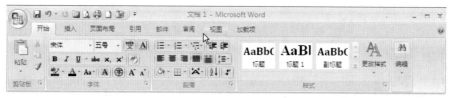

5. 文本编辑区

文本编辑区是主要的工作区域，用来实现文本的显示和编辑。在进行文本编辑时，可以使用水平标尺、垂直标尺、水平滚动条和垂直滚动条等辅助工具。

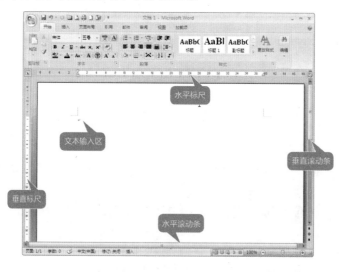

6. 状态栏

状态栏提供页码、字数统计、拼音、语法检查、插入、视图方式、显示比例和缩放滑块等辅助功能，以显示当前文档的各种编辑状态。

1.3 输入月末总结内容

本节视频教学时间：2分钟

月末总结是员工对一个月所做工作情况的总结，也是对自己下个阶段努力的方向所做的规划。下面来了解一下怎样输入月末总结的内容。

1 输入文本内容

在文档中输入下图中的内容，也可以打开随书光盘中的"素材\ch01\总结内容.txt"文档，将其内容复制到Word文档中。

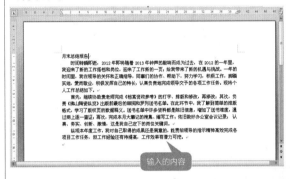

2 保存文档

单击【快速访问工具栏】中的【保存】按钮 🖫，在打开的【另存为】对话框中设置文件名为"月末总结报告.docx"，单击【保存】按钮。

1.4 设置字体及字号

本节视频教学时间：5分钟

在Word文档中，字体格式的设置最基本的就是对文档字体、字号的设置。本节就来讲解一下如何在Word 2007中设置字体及字号的格式。

1.4.1 设置字体

对字体进行设置的方法如下。

1 选中标题文本

选中标题，在【开始】选项卡下的【字体】选项组中单击右下方的【字体】按钮 🖾。

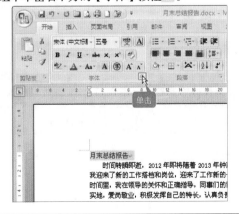

2 设置标题

弹出【字体】对话框，在【字体】选项卡下的【中文字体】选项组中将字体设置为【隶书】。

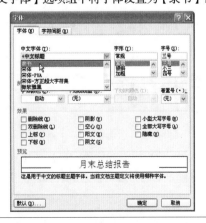

3 查看效果

单击【确定】按钮，在【段落】选项卡中单击【居中】按钮，效果如下图所示。

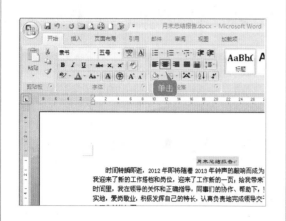

4 设置内容文本

选中文本内容，用同样的方法打开【字体】对话框，在【字体】选项卡下的【中文字体】选项组中将字体设置为【方正宋三简体】。

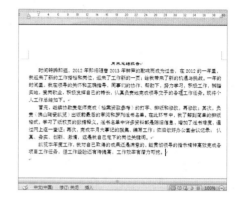

1.4.2 设置字号

对字号进行设置的方法如下。

1 设置标题字号

选中标题，用同样的方法打开【字体】对话框，在【字号】选项列表框中，选择【三号】选项，单击【确定】按钮。

2 设置文本字号

选中正文文本，用同样的方法打开【字体】对话框，在【字号】选项列表框中，选择【小四】选项，单击【确定】按钮。

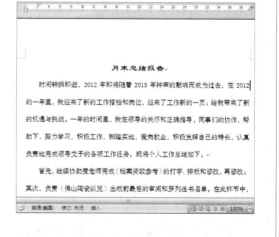

1.5 设置段落对齐方式

本节视频教学时间：4分钟

Word 2007提供的段落对齐方式主要有左对齐、居中、右对齐、两端对齐和分散对齐等5种，下面主要讲解段落的分散对齐方式，具体的操作步骤如下。

1 单击【段落】下的按钮

选中需要设置的文本，单击【段落】选项卡下的 按钮。

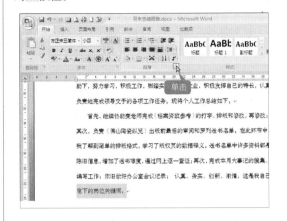

2 选择【分散对齐】选项

弹出【段落】对话框，选择【缩进和间距】选项卡，在【常规】选项组下的【对齐方式】下拉列表中选择【分散对齐】选项。

单击【确定】按钮后，文档显示分散对齐效果。

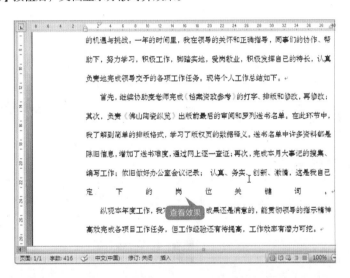

1.6 修改内容

本节视频教学时间：11分钟

修改内容是指对文本中错误的内容进行修改和删除，以及查找和替换文本等。

1.6.1 使用鼠标选取文本

要选择文本对象，最常用的方法就是通过鼠标选取。采用这种方法可以选择文档中的任意文字，这是最基本、最灵活的选取文本的方法。

下面介绍使用鼠标快速选择文本的操作步骤。

1 选定文本开始位置

移动光标到准备选择的文本的开始位置。这里以选择第一段文字为例，将光标放置到第一段文字的开始位置。

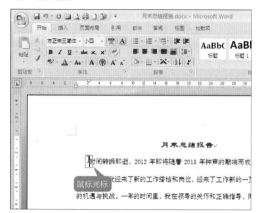

工作经验小贴士

如果要选择多段文字，从文档开始位置，拖曳鼠标到最后位置，即可选中需要选择的文本。从结束位置拖曳鼠标到开始位置也可以选中需要的文本。

2 拖曳鼠标选定文本

按住鼠标左键，将光标拖曳到第一段文字的最后位置后，释放鼠标左键即可选中文本。

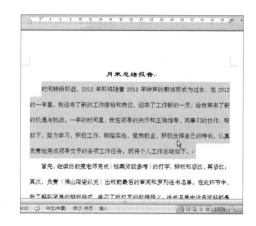

工作经验小贴士

在Word文档中，默认的文本显示形式是白底黑字。但是一旦选中了某些内容，这部分内容的文本就会以蓝底白字的形式显示。

1.6.2 移动文本的位置

要移动文本的位置，最常用的方法就是通过鼠标选取、拖动，下面就具体讲述一下怎样移动文本的位置。

1 拖曳选定的文本

一直按住鼠标左键，向下拖曳选定的文本到最后一段。

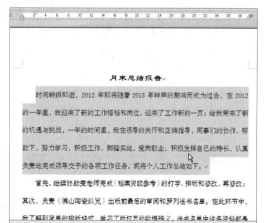

2 拖曳后的效果

松开鼠标，文本移动完成，如下图所示。

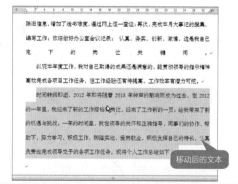

工作经验小贴士

在下面的操作中撤消此步骤的结果。

1.6.3 删除与修改错误的文本

删除和修改错误的文本，最常用的方法是通过鼠标和键盘配合完成，步骤如下。

1. 删除错误的文本

1 选定要删除的文本

　　单击并按住鼠标左键，将光标拖曳选中第二段文字的最后一句话。

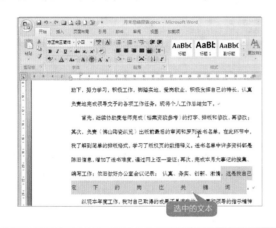

2 按【Backspace】键

　　选中文本后，按【←Backspace】键即可删除错误的文本。

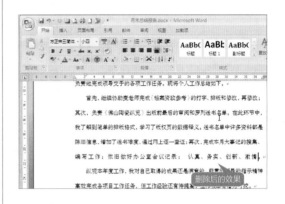

2. 修改错误的文本

1 选定要修改的文本

　　双击"一年"一词即可选中文本。

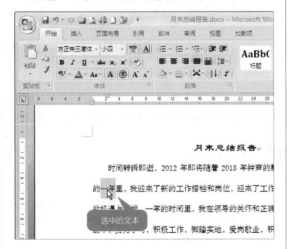

2 输入正确的文本

　　"一年"一词选中后，在键盘中输入"一月"一词，按空格键即可完成修改。

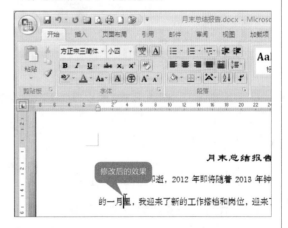

1.6.4 查找与替换文本

　　查找功能可以帮助用户定位到目标位置以便快速找到想要的信息。替换功能可以帮助用户快速替换所需要的文本。

1. 查找文本

使用【查找】命令可以快速查找到需要的文本或其他内容。

1 选择【查找】命令

单击【开始】选项卡下【编辑】下拉按钮，在弹出的下拉列表中选择【查找】选项。

2 输入查找内容

弹出【查找和替换】对话框，在【查找和替换】对话框中选择【查找】选项卡，在【查找内容】文本框中输入"一年"。

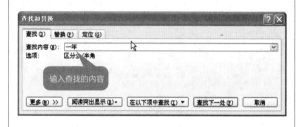

3 定位查找位置

单击【查找下一处】按钮，定位第1个匹配项。这样再次单击【查找下一处】按钮就可快速查找到下一条符合的匹配项。

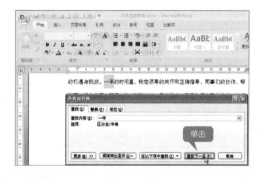

工作经验小贴士

当对全部文档查找完以后，会弹出一个"Word已完成对文档的搜索"的提示框。

2. 替换文本

替换功能可以帮助用户方便快捷地更改查找到的文本或批量修改相同的内容。替换文本的具体操作步骤如下。

1 选择【替换】命令

在【查找和替换】对话框中选择【替换】选项卡，在【替换为】文本框中输入"一月"。

2 设置【替换】对话框

单击【查找下一处】按钮，定位到从当前光标所在位置起，第一个满足查找条件的文本位置，并以蓝色背景显示，单击【替换】按钮就可以将查找到的内容替换为新的内容。

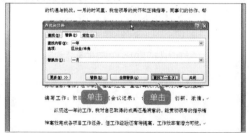

如果用户需要将文档中所有相同的内容都替换掉，可以在输入完查找内容和替换为内容后，单击【全部替换】按钮，Word就会自动将整个文档内所有查找到的内容替换为新的内容，并弹出相应的对话框显示完成替换的数量。单击【确定】按钮即可完成文本的替换。单击【保存】按钮，保存文档。

举一反三

月末总结报告是工作中比较常用的一种工作报告，主要包括文档的标题和文本内容两部分。制作月末总结报告主要是设计好文本的字体、字号及段落对齐方式等，其他类似的这种工作文档，如日记、演讲稿文档和考勤管理规定文档等。

高手私房菜

技巧1：快速在指定位置新建一个空Word文档

有时候用户可能需要在指定位置创建一个文档，本节将对快速创建文档的技巧加以说明。

1 选择【新建】菜单命令

在资源管理器中的指定位置单击鼠标右键，在弹出的快捷菜单中选择【新建】▶【Microsoft Office Word文档】菜单命令。

2 创建新建文档

此时即在当前目录下新建了一个名为"新建Microsoft OfficeWord 文档.docx"的Word文档。

技巧2：使用快捷键复制、剪切或粘贴文本

(1) 选定需要复制、剪切或粘贴的文本。

(2) 使用【Ctrl+C】组合键可完成文本的复制，使用【Ctrl+X】组合键可剪切文本，使用【Ctrl+V】组合键可粘贴文本。

技巧3：轻松删除Word历史记录

在使用Word 2007编辑文档的过程中，往往会在【Office】按钮 菜单中列出用户最近编辑过的Word文档历史名称。为保护用户的隐私，可以通过以下步骤将其删除。

1 查看历史记录	**2 打开【Word 选项】对话框**

单击【Office】按钮，在【最近使用的文档】下就可以看到Word 2007最近使用的文档。

单击【Word 选项】按钮，打开【Word选项】对话框。

3 设置显示数目	**4 查看效果**

选择【高级】选项卡，设置【显示】选项组下【显示此数目的"最近使用的文档"】文本框中的数值为"0"，单击【确定】按钮。

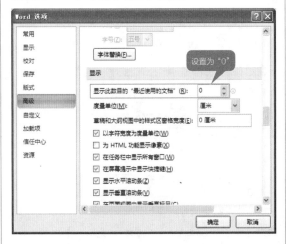

即可将Word 2007的历史记录删除。

第 2 章

美化文档

——制作公司宣传彩页

 本章视频教学时间：27 分钟

华丽的外衣也是需要点缀的。为文档添加图片和艺术字，可以对文档起到意想不到的美化效果。

【学习目标】

通过本章的学习，可以初步了解设置页面版式、插入艺术字、插入图片和剪贴画的方法。

【本章涉及知识点】

掌握设置页面版式的方法

掌握插入艺术字的方法

掌握设置页面颜色的方法

插入图片和剪贴画

2.1 设置公司宣传页页面版式

本节视频教学时间：11分钟

页面设置包括设置纸张大小、页边距、文档网格和版面等。这些设置是打印文档之前必须要做的准备工作，可以使用默认的页面设置，也可以根据需要重新设置或随时修改这些选项。页面设置既可以在输入文档之前，也可以在输入的过程中或文档输入之后进行。

2.1.1 设置页边距

设置页边距，包括调整上、下、左、右边距以及装订线的位置，使用这种方法设置十分精确。

1 新建文档

打开Word 2007软件，即可新建一个Word文档。

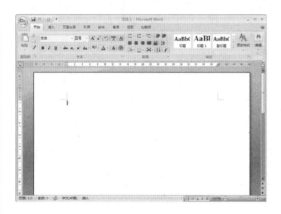

2 另存文档

单击【Office】按钮，在弹出的下拉列表中，选择【另存为】选项，在弹出的【另存为】对话框中选择文件要另存的位置，并在【文件名】文本框中输入"公司宣传页 .docx"，单击【保存】按钮。

3 选择【自定义页边距】选项

单击【页面布局】选项卡的【页面设置】组中的【页边距】按钮，在弹出的下拉列表中选择【自定义边距】选项。

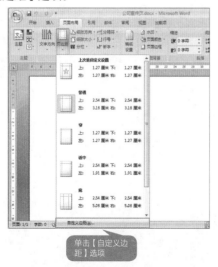

4 设置页边距

弹出【页面设置】对话框，在【页边距】选项组中可单击【上】、【下】、【左】和【右】文本框后的微调按钮来调整页边距。在【页码范围】选项组的【多页】下拉列表框中可以选择【普通】视图。单击【确定】按钮，即可完成自定义页边距设置。

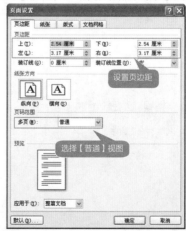

5 快速设置页边距

单击【页面布局】选项卡下【页面设置】选项组中的【页边距】按钮，在弹出的下拉列表中拖动鼠标选择需要调整的页边距的大小。

6 完成设置

选择【窄】选项，即可将选择的页边距类型应用到文档中。

工作经验小贴士

页边距太窄会影响文档的装订，而太宽不仅影响美观还浪费纸张。一般情况下，如果使用A4纸，可以采用Word提供的默认值；如果使用B5或16开纸，上、下边距在2.4厘米左右为宜；左、右边距在2厘米左右为宜。具体设置也可根据用户的要求设定。

2.1.2 设置纸张

默认情况下，Word 创建的文档是纵向排列的，用户可以根据需要调整纸张的大小和方向。

1 选择纸张方向

单击【页面布局】选项卡【页面设置】组中的【纸张方向】按钮，在【纸张方向】下拉列表中选择【纵向】选项。

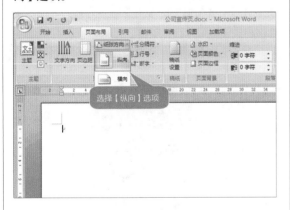

2 快速设置纸张大小

单击【页面布局】选项卡的【页面设置】组中的【纸张大小】按钮，在【纸张大小】下拉列表中选择系统自带的一些标准的纸张尺寸。

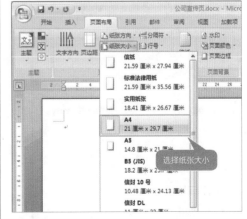

工作经验小贴士

选择【纵向】选项，Word可将文本行排版为平行于纸张短边的形式；选择【横向】选项，Word可将文本行排版为平行于纸张长边的形式，一般系统默认为纵向排列。也可以选择【页边距】下拉列表中的【自定义页边距】选项，打开【页面设置】对话框，在【页边距】选项卡下的【纸张方向】选项组中单击【纵向】或【横向】两个按钮来设置纸张打印的方向。

3 自定义设置页面大小

在【纸张大小】下拉列表中选择【其他页面大小】选项，打开【页面设置】对话框，在【纸张大小】下拉列表中选择【自定义大小】选项，并设置【宽度】为"19.7厘米"，设置【高度】为"25厘米"。

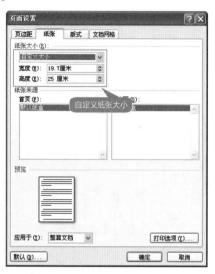

4 设置完成

单击【确定】按钮，完成纸张大小的设置。

 工作经验小贴士

如果当前使用的纸张为特殊规格或者调整了纸张的宽度和高度，建议用户选择系统提供的相应的标准纸张尺寸，这样有利于和打印机配套。

2.1.3 设置版式

版式即版面格式，具体指的是开本、版心和周围空白的尺寸等项的排法。

1 打开【页面设置】对话框

单击【页面布局】选项卡中【页面设置】组右下角的【页面设置】按钮，弹出【页面设置】对话框。

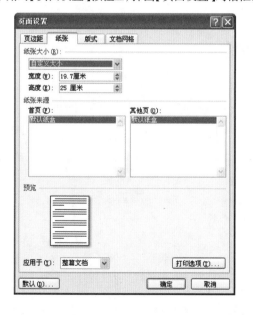

2 设置版式

选择【版式】选项卡，在【节】选项组中的【节的起始位置】下拉列表框中选择【新建页】选项，在【页面】选项组中的【垂直对齐方式】下拉列表框中选择【顶端对齐】选项。

3 设置行号

单击【行号】按钮打开【行号】对话框，单击选中【添加行号】复选框，设置【起始编号】为"1"、【距正文】为"自动"、【行号间隔】为"1"，在【编号】选项组中单击选中【每页重新编号】单选项。

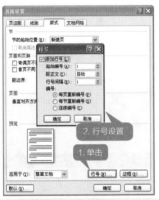

4 设置完成

单击【确定】按钮返回【页面设置】对话框，用户可以在【预览】选项组中查看设置的效果。单击【确定】按钮即可完成对文档版式的设置。

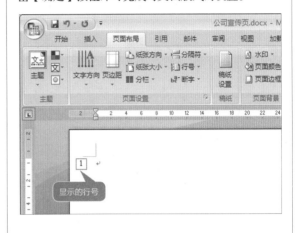

工作经验小贴士

显示行号可以方便查看文档的行数，在完成文档的编辑后，可以重复步骤3的操作，撤消选中【显示行号】复选框，来取消行号的显示。

2.1.4 设置文档网格

在页面上设置网格，可以给用户一种在方格纸上写字的感觉，同时还可以利用网格对齐文档。

1 设置网格

单击【页面布局】选项卡中【页面设置】组右下角的【页面设置】按钮，弹出【页面设置】对话框，选择【文档网格】选项卡，单击【绘图网格】按钮，弹出【绘制网格】对话框，在【显示网格】选项组中单击选中【在屏幕上显示网格线】复选框，然后单击选中【垂直间隔】复选框，在其微调框中设置垂直显示的网格线的间距，例如设置值为"2"。

2 查看效果

单击【确定】按钮返回【页面设置】对话框，然后单击【确定】按钮即可完成对文档网格的设置。

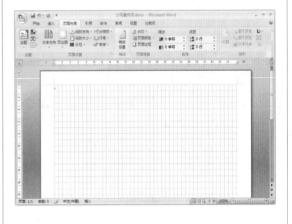

工作经验小贴士

重复步骤1的操作，撤消选中【在屏幕上显示网格线】复选框，并单击【确定】按钮，返回至【页面设置】对话框，再次单击【确定】按钮即可取消文档网格的显示。

2.2 使用艺术字美化宣传彩页

本节视频教学时间：6分钟

利用Word 2007提供的艺术字功能，可以制作出精美绝伦的艺术字，丰富宣传页的内容，操作也十分简单。

2.2.1 插入艺术字

艺术字的样式有各种颜色和字体，也可以为艺术字添加阴影，倾斜、旋转和延伸效果，还可以变成特殊的形状。

1 选择艺术字样式

单击【插入】选项卡的【文本】组中的【艺术字】按钮，在弹出的下拉列表中选择一种艺术字样式。

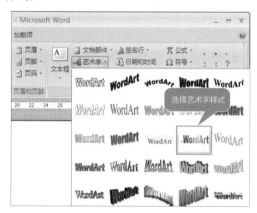

2 【编辑艺术字文字】对话框

弹出【编辑艺术字文字】对话框。

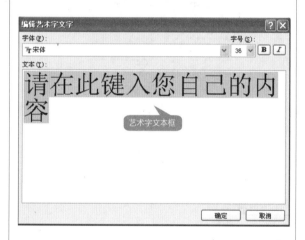

3 完成艺术字的插入

在文本框中删除其他内容，并输入公司名称"龙马电器销售公司"，选择艺术字字体和字号，单击【确定】按钮，即可插入艺术字。

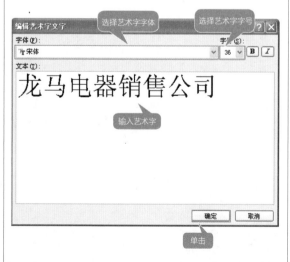

4 更改文本框的位置和大小

单击【格式】选项卡下【排列】选项组中的【文字环绕】按钮，在弹出的下拉列表中选择【浮于文字上方】选项，然后将鼠标光标定位在文本框的边框上，当鼠标光标变为✛形状时，拖曳光标，即可改变文本框的位置。将鼠标光标定位在文本框的四个角的任意一角上，当鼠标光标变为↖形状时，拖曳光标，即可改变文本框的大小。

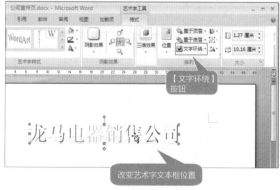

2.2.2 修改艺术字样式

在文档中插入艺术字后，还可以设置艺术字的字体、字号，修改艺术字样式等。

1. 修改艺术字文本

如果插入的艺术字有错误，单击艺术字进入字符编辑状态，按【Delete】键删除错误的字符，然后输入正确的文本即可。

2. 设置艺术字字体与字号

设置艺术字字体与字号和设置普通文本的字体字号一样。

1 单击【编辑文字】按钮	**2** 设置字体和字号
选中艺术字文本框，在【格式】选项卡的【文字】选项组中，单击【编辑文字】按钮。弹出【编辑艺术字文字】对话框。	单击【字体】下拉按钮，在下拉列表中选择"隶书"，单击【字号】下拉按钮，在其下拉列表中选择"36"，然后单击【确定】按钮。
	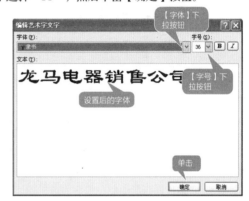

3. 设置艺术字样式

在【绘图工具】➤【格式】选项卡下包含有【插入形状】、【形状样式】、【艺术字样式】、【排列】和【大小】等5个选项组，在【艺术字样式】选项组中可以设置艺术字的样式。

1 重新设置艺术字样式	**2** 设置形状填充
选择艺术字，在【格式】选项卡中，单击【艺术字样式】选项组中的【其他】按钮，在弹出的下拉列表中选择需要的样式即可。	选择艺术字，单击【艺术字样式】选项组中的【形状填充】按钮的下拉按钮，在下拉列表中单击"红色"。

3	设置形状轮廓

单击【艺术字样式】选项组中的【形状轮廓】按钮，在弹出的下拉列表中选择需要的样式即可（这里选择"橙色"）。

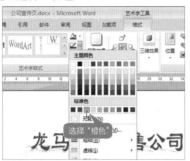

4	设置艺术字形状

单击【艺术字样式】选项组中的【更改艺术字形状】按钮的下拉按钮，可以自定义艺术字形状。

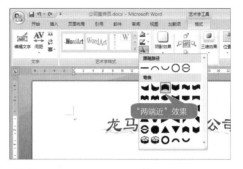

2.3 设置宣传页页面颜色

本节视频教学时间：3分钟

在Word 2007中还可以改变整个页面的背景颜色，或者对整个页面进行渐变、纹理、图案和图片填充等。

1	快速填充颜色

单击【页面布局】选项卡下【页面背景】选项组中的【页面颜色】按钮，在弹出的下拉列表中选择"黄色"，就可以将页面颜色设置为黄色。

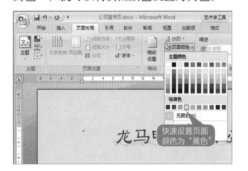

2	选择【填充效果】选项

单击【页面布局】选项卡下【页面背景】选项组中的【页面颜色】按钮，在弹出的下拉列表中选择【填充效果】选项。

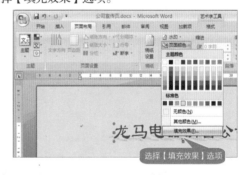

3	选择【纹理】填充

打开【填充效果】对话框，选择【纹理】选项卡，在【纹理】列表框中选择【栎木】选项。

4	查看效果

单击【确定】按钮，返回至Word 2007文档中即可看到设置页面颜色后的效果。

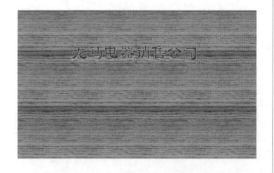

2.4 插入与设置图片和剪贴画

本节视频教学时间：7分钟

在文档中插入一些图片可以使文档更加生动形象，插入的图片可以是一个剪贴画、一张照片或一幅图画。Word 2007中文版不仅可以接受以多种格式保存的图片，而且提供了对图片进行处理的工具。

2.4.1 插入与设置图片

在 Word 2007 文档中可以插入保存在计算机硬盘中或者保存在网络其他节点中的图片。

1. 插入图片

在Word 2007中插入图片的具体操作如下。

1 打开"龙马电器销售公司.txt"文件

打开随书光盘中的"素材\ch02\龙马电器销售公司.txt"文件。选择所有的内容，并按【Ctrl+C】组合键，复制所有内容。

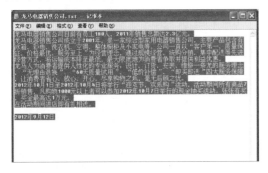

2 复制文本并设置格式

在Word 2007中按【Ctrl+V】组合键，将所有内容粘贴在文档中，并根据实际需求设置字体及段落样式。

3 选择图片

选择【插入】选项卡，在【插图】选项组中单击【图片】按钮，弹出【插入图片】对话框，选择插入的图片。

4 完成图片插入

单击【插入】按钮，即可将选择的图片插入文档。

2. 编辑图片

Word 2007有对插入的图片进行编辑的功能，可以很方便地对图片进行简单的编辑。

1 快速设置图片样式

单击【格式】选项卡下【图片样式】选项组中的【其他】下拉按钮，在下拉列表中选择"松散透视，白色"。

"松散透视，白色"效果

2 设置图片边框

单击【格式】选项卡下【图片样式】选项组中的【图片边框】下拉按钮，在下拉列表中选择"黄色"。

【图片边框】按钮

3 设置图片效果

单击【格式】选项卡下【图片样式】选项组中的【图片效果】按钮，在下拉列表中选择【映像】➤【半映像，4pt 偏移量】选项。

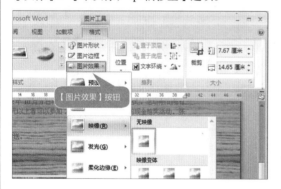

【图片效果】按钮

4 设置更改图片

单击【格式】选项卡下【调整】选项组中的【更改图片】按钮，弹出【插入图片】对话框，即可重新选择插入图片。

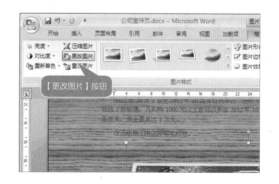

【更改图片】按钮

5 设置图片颜色

单击【格式】选项卡下【调整】选项组中【重新着色】按钮，在弹出的下拉列表中选择一种颜色样式。

【重新着色】按钮

6 设置图片亮度

单击【格式】选项卡下【调整】选项组中【亮度】按钮，在弹出的下拉列表中选择一种亮度效果。

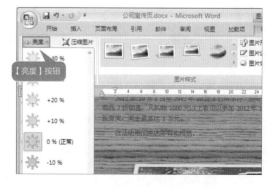

【亮度】按钮

7 设置图片自动换行

单击【格式】选项卡下【排列】选项组中的【文字环绕】下拉按钮，在弹出的下拉列表中选择【浮于文字上方】选项。

8 设置图片大小

选择插入的图片，在【格式】选项卡【大小】选项组中的【形状高度】或【形状宽度】微调按钮框中输入或选择需要的高度或者宽度，即可改变图片的大小。

工作经验小贴士

在【格式】选项卡中，单击【大小】选项组中【裁剪】按钮的下拉箭头，即可弹出裁剪选项的菜单。选择【裁剪】选项即可对图片进行裁剪操作。

2.4.2 插入与设置剪贴画

Word 2007 中文版提供了许多剪贴画，用户可以很方便地在文档中插入这些剪贴画。

1 打开【剪贴画】窗格

选择剪贴画要插入的位置，单击【插入】选项卡下【插图】选项组中的【剪贴画】按钮，弹出【剪贴画】窗格。

2 搜索剪贴画

在【搜索文字】对话框中输入要搜索的内容"家电"，单击【结果类型】文本框后的下拉按钮，在下拉列表中单击选中【所有媒体类型】复选框。

3 显示搜索结果

单击【搜索】按钮，即可显示搜索结果。

4 插入剪贴画

选择要插入的剪贴画，并且单击，就可将其插入文档中。

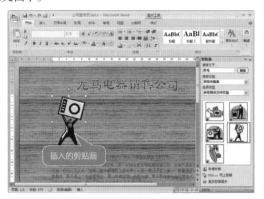

5 设置剪贴画位置

单击【图片工具】➤【格式】选项卡下【排列】选项组中的【文字环绕】的下拉按钮，在弹出的下拉列表中选择【四周型环绕】选项。

6 移动剪贴画

将光标定位至新插入的剪贴画上，按住鼠标左键，拖曳光标至合适的位置，松开鼠标，即可改变剪贴画的位置。

7 设置剪贴画格式

设置剪贴画的方法和设置图片的方法相同，这里就不再赘述了，对剪贴画进行设置的效果如下图所示。

8 保存文档

单击【Office】按钮弹出下拉菜单，选择【另存为】菜单项，打开【另存为】对话框，选择文件保存的位置，在【文件名】文本框中输入"公司宣传彩页.docx"，单击【保存】按钮。

举一反三

制作公司宣传彩页是宣传公司活动时必不可少的，在行政办公或者文秘行业应用广泛。此外，类似的还有制作公司简报、工作证和招聘广告等。

 高手私房菜

技巧1：为图片添加题注

为图片添加题注作用是对图片进行说明，使读者便于理解图片的内容。

1 选择【插入题注】选项	2 新建标签
打开随书光盘中的"素材\ch02\高手1.docx"文件，右击需要插入题注的图片，在弹出的快捷菜单中选择【插入题注】选项。 	在弹出的【题注】对话框中，单击【新建标签】按钮。 

3 设置名称	4 完成添加
在弹出的【新建标签】对话框中输入图片的标签名称"绚丽的春色"。 	单击【确定】按钮返回【题注】对话框，再次单击【确定】按钮即可为图片添加题注。 

技巧2：压缩图片

如果文档中插入的图片较多，文档就会变得很大，可以通过压缩图片来减小文档。

1 打开【压缩图片】对话框	**2** 设置压缩方式
选择图片，单击【格式】选项卡下【调整】选项组中的【压缩图片】按钮，打开【压缩图片】对话框，单击【选项】按钮。	弹出【压缩设置】对话框，单击选中【删除图片的裁剪区域】复选框，并进行其他设置，单击【确定】按钮即可。
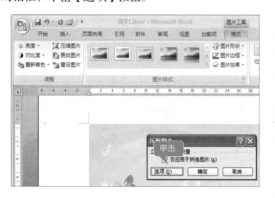	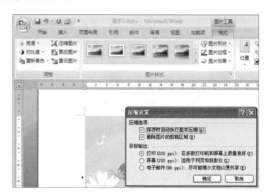

技巧3：制作带圈字符

可以制作带圈的字符为事项进行编号。

1 选择字符	**2** 单击【带圈字符】按钮
在Word 2007文档中选择要制作带圈字符的字符，最多只能选择2个数字或2个字母或1个汉字。	单击【开始】选项卡下【字体】选项组中的【带圈字符】按钮，打开【带圈字符】对话框。
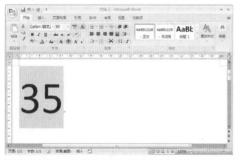	

3 设置样式	**4** 查看效果
单击【样式】组下的【增大圈号】选项，单击【圈号】组下【圈号】选择框中的"菱形"，单击【确定】按钮。	即可查看制作的带圈字符效果。

第 3 章

页面版式的设计与应用

——制作毕业论文

 本章视频教学时间：40 分钟

对于一些专业的文档需要进行高级版式设置。例如在制作毕业论文时，需要设置其段落级别、插入页码和提取目录，这样才能使文档看起来更专业。

【学习目标】

通过本章的学习，可以掌握设置段落级别、分栏排版、插入页码和提取目录的方法。

【本章涉及知识点】

掌握设置段落级别的方法

掌握分栏排版的方法

掌握插入页码的方法

掌握提取目录的方法

3.1 毕业论文设计分析

本节视频教学时间：4分钟

毕业论文，泛指专科毕业论文、本科毕业论文（学士学位毕业论文）、硕士研究生毕业论文（硕士学位论文）、博士研究生毕业论文（博士学位论文）、博士后毕业论文等，即需要在学业完成前写作并提交的论文，是教学或科研活动的重要组成部分之一。

1. 毕业论文格式

(1) 题目：简洁、明确、具有概括性，字数不宜超过20个字（不同院校可能要求不同）。

(2) 摘要：要有高度的概括力，语言精练、明确，中文摘要100~200字（不同院校可能要求不同）。

(3) 关键词：从论文标题或正文中挑选3~5个（不同院校可能要求不同）最能表达主要内容的词作为关键词。

(4) 目录：写出目录，标明页码。

(5) 正文：专科毕业论文正文字数一般应在30 000字以上（不同院校可能要求不同）。

毕业论文正文包括前言、本论、结论三个部分。

前言（引言）是论文的开头部分，主要说明论文写作的目的、现实意义、对所研究问题的认识，并提出论文的中心论点等。前言要写得简明扼要，篇幅不要太长。本论是毕业论文的主体，包括研究内容与方法、实验材料、实验结果与分析（讨论）等。在本部分要运用各方面的研究方法和实验结果，分析问题、论证观点，尽量反映出自己的科研能力和学术水平。结论是毕业论文的收尾部分，是围绕本论所作的结束语，基本的要点就是总结全文，加深题意。

(6) 谢辞：简述自己通过做毕业论文的体会，并应对指导教师和协助完成论文的有关人员表示谢意。

(7) 参考文献：在毕业论文末尾要列出在论文中参考过的专著、论文及其他资料，所列参考文献应按文中参考或引证的先后顺序排列。

(8) 注释：在论文写作过程中，有些问题需要在正文之外加以阐述和说明。

(9) 附录：对于一些不宜放在正文中，但有参考价值的内容，可编入附录中。

2. 毕业论文写作的总体原则

(1) 理论客观，具有独创性。

文章的基本观点必须来自具体材料的分析和研究，所提出的问题在本专业学科领域内有一定的理论意义或实际意义，并通过独立研究，提出了自己一定的认知和看法。

(2) 论据详实，富有确证性。

论文能够做到旁征博引、多方佐证，所用论据自己持何看法，有主证和旁证。论文中所用的材料应做到言必有据、准确可靠、精确无误。

(3) 论证严密，富有逻辑性。

作者提出问题、分析问题和解决问题，要符合客观事物的发展规律，全篇论文形成一个有机的整体，使判断与推理言之有序，天衣无缝。

(4) 体式明确，标注规范。

论文必须以论点的形成构成全文的结构格局，以多方论证的内容组成文章丰满的整体，以较深的理论分析辉映全篇。此外，论文的整体结构和标注要求规范得体。

(5) 语言准确、表达简明。

论文最基本的要求是读者能看懂。因此，要求文章想的清，说的明，想的深，说的透，做到深入浅出，言简意赅。

3.2 设置论文首页

本节视频教学时间：4分钟

在制作毕业论文的时候，首先需要设置描述个人信息的首页。

1. 插入空白页

可以在光标所在的位置插入新的空白页。

1 打开素材文件

打开随书光盘中的"素材\ch03\毕业论文.docx"文件。

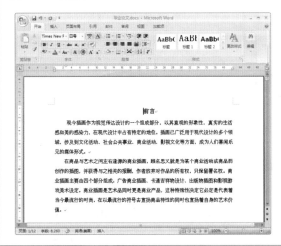

2 插入空白页

将光标定位在页面中的"前言"文本前，单击【插入】选项卡下【页】选项组中的【空白页】按钮。即可插入新的空白页。

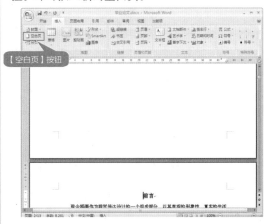

2. 添加首页基本内容并设置格式

插入空白页完成之后，就可以添加首页内容并设置格式。

1 输入首页内容

选择新创建的空白页，在其中输入学校信息、个人介绍信息和指导教师名称。

2 设置首页内容格式

选择不同的信息，并根据需要为不同的信息设置不同的格式，使所有信息占满论文首页。

3. 输入首页个人信息并添加横线

设置首页基本内容之后，就可以完善个人信息并添加横线。

---

1 完善首页信息

选择新创建的空白页，输入学校信息、个人介绍信息和指导教师名称，完善首页信息。

2 选择"直线"

单击【插入】选项卡下【插图】选项组中的【形状】按钮，在下拉列表中选择"直线"按钮。

---

3 绘制直线

在文档中按住【Shift】键的同时，指定直线段的起点，并拖曳鼠标，完成直线的绘制。

4 设置直线

选中直线，然后通过键盘上的方向键来改变直线的位置，使其在题目内容的正下方。单击【格式】选项卡下【形状样式】选项组中【形状轮廓】按钮，在下拉列表中选择"黑色"。

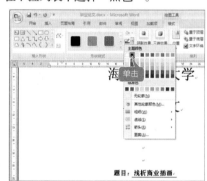

---

5 添加其他直线

使用步骤3~步骤4的方法为其他的内容添加直线。

6 调整首页格式

添加直线后，将鼠标光标定位至"学院"文本中间，在中间添加4个空格，使其与"学生姓名"文本长度相同，使用相同的方法完成其他文本的调整，并对整个页面进行设置，使页面更整齐。

3.3 对毕业论文进行排版

 本节视频教学时间：6分钟

毕业生在制作毕业论文时，一般情况下指导教师会给出统一的论文格式，所有毕业生按照统一格式进行文档排版。

3.3.1 设置段落格式、文字样式和编号

素材文件版式不统一，可以参照第2章的内容来进行论文段落格式、文字样式和编号的修改，使论文各个级别的格式相同。这里就不再赘述了。

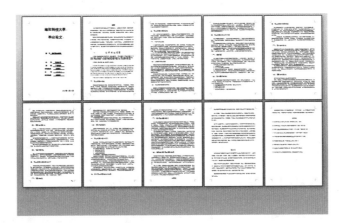

3.3.2 设置分栏排版

Word的分栏排版功能，不仅可以使文本便于阅读，而且版面会变得生动活泼。在分栏的外观设置上Word具有很大的灵活性，可以控制栏数、栏宽以及栏间距，还可以很方便地设置分栏长度。

1 快速创建分栏

选择要进行分栏设置的文本，单击【页面布局】选项卡【页面设置】组中的【分栏】按钮，弹出的【分栏】下拉列表。

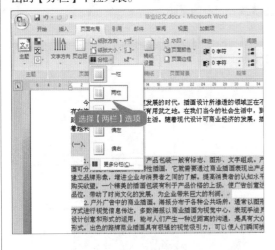

2 完成分栏

选择【两栏】选项，即可完成快速分栏。

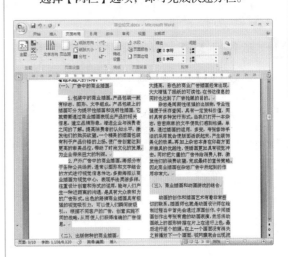

3 选择【更多分栏】选项，自定义分栏

选择要进行分栏的文本，单击【页面布局】选项卡【页面设置】组中的【分栏】按钮，在弹出的下拉列表中选择【更多分栏】选项，打开【分栏】对话框。

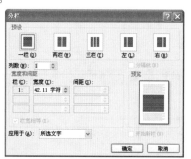

4 设置分栏选项

在【预设】选项组中选择【两栏】选项，单击选中【分隔线】复选框，根据需要设置宽度和间距，在【应用于】下拉列表中选择【所选文字】选项。

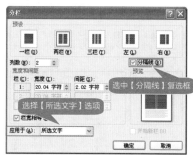

5 完成分栏操作

单击【确定】按钮，即可将所选内容进行分栏。

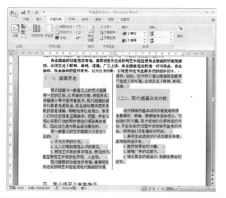

6 为其他文本设置分栏

使用同样的方法为其他段落进行分栏设置。

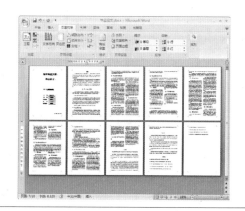

3.3.3 插入分页符

在毕业论文排版的时候，前言、结束语、致谢词和参考文献等需要另起一页，这时就需要在文档中插入分页符。

1 单击【分页】按钮

将光标定位在"浅析商业插画"文本前，单击【插入】选项卡下【页】分组中的【分页】按钮，即可从光标所在位置处插入分页符。

2 完成分页符的添加

使用同样的方法，在其他需要单独一页的文本前插入分页符。

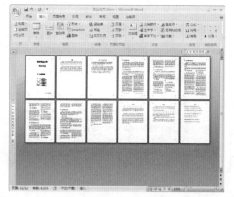

3.4 设置大纲级别

 本节视频教学时间：4分钟

论文排版完成后，还需要为论文添加目录，这时首先需要设置大纲级别。

1 选择文本，打开【段落】对话框

选择"一、商业插画的概述"文本，单击【开始】选项卡【段落】组右下角的【段落】按钮，在弹出的【段落】对话框中，选择【缩进和间距】选项卡。

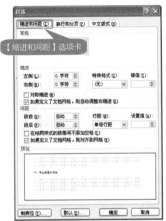

2 设置1级大纲级别

在【常规】选项组中单击【大纲级别】文本框后的下拉按钮，在弹出的下拉列表中选择【1级】选项。单击【确定】按钮，完成设置。

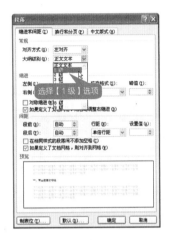

3 为其他文本设置1级大纲级别

选择"二、商业插画的应用领域"、"三、商业插画的功能和作用"和"四、商业插画的审美特征"等段落，按照步骤1~步骤2设置其大纲级别。

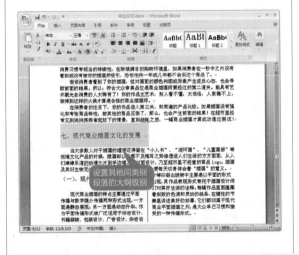

4 选择文本，打开段落对话框

选择"（一）、广告中的商业插画"文本，单击【开始】选项卡【段落】组右下角的【段落】按钮，在弹出的【段落】对话框中，选择【缩进和间距】选项卡。

工作经验小贴士

在设置一个段落的大纲级别后，可以双击【开始】选项卡下【剪贴板】选项组中的【格式刷】按钮，或按【Ctrl+Shift+C】组合键来复制所选段落的格式。再选择其他要设置相同大纲级别的段落，将其格式应用到其他所选段落中。

5 设置2级大纲级别

在【常规】选项组中单击【大纲级别】文本框后的下拉按钮，在弹出的下拉列表中选择"2级"选项。单击【确定】按钮，完成设置。

6 为其他文本设置二级大纲级别

选择其他标记有"（一）、（二）……"的文本，将其大纲级别设置为"2级"。

3.5 快速定位文档

本节视频教学时间：2分钟

对于较长的文档，如果需要查看某一级标题下的内容，通过拖曳文档右侧的垂直滚动条来定位文档会比较麻烦，也不利于查找，这时就可以使用导航窗格来快速定位文档。

1 选中【导航窗格】复选框

在【视图】选项卡下【显示】选项组中单击选中【文档结构图】复选框，即可打开【文档结构图】窗格，显示所有设置了大纲级别的段落。

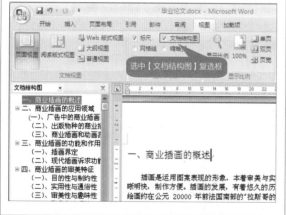

2 实现快速定位

在【文档结构图】窗格中单击需要查看的段落，即可快速定位至文档中该段落的位置。例如单击"三、商业插画的功能和作用"。

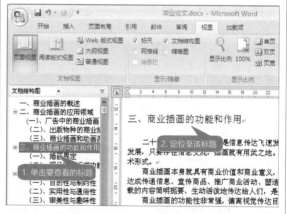

3.6 统计字数

本节视频教学时间：1分钟

Word 2007提供了对文档中的数据进行统计的功能，在制作毕业论文过程中可以方便地统计文字的数量。

1 统计选定文本的字数

选择要查看字数的文本，单击【审阅】选项卡下【校对】选项组中的【字数统计】按钮，在打开的【字数统计】对话框中将显示所选文本的字数。

2 统计全文字数

直接单击【审阅】选项卡下【校对】选项组中的【字数统计】按钮，在打开的【字数统计】对话框中即可显示文档所有文本的字数。

3.7 插入页码

本节视频教学时间：3分钟

插入页码后也可以在毕业论文中快速定位至需要查看的页面。

1 将光标定位在首页

将鼠标光标定位在毕业论文首页任意位置处。

2 单击页码类型

单击【插入】选项卡下【页眉和页脚】选项组中的【页码】按钮，弹出【页码】下拉列表，选择【页面底端】选项组下的【普通数字3】选项。

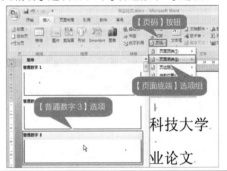

3 完成页码插入

完成页码的插入，效果如下图所示。

4 选择【设置页码格式】选项

单击【设计】选项卡的【页眉和页脚】组中的【页码】按钮，在弹出的下拉列表中选择【设置页码格式】选项。

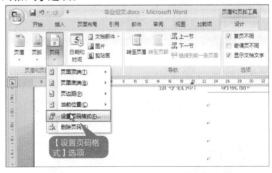

5 设置编号格式

弹出【页码格式】对话框，在【编号格式】下拉列表中选择"–1–，–2–，–3–，…"编号格式。

6 设置起始页码

在【页码编号】选项组下可以选中【续前节】或【起始页码】。这里设置【起始页码】为"1"。

7 设置首页不同

如果首页不需要插入页码，可单击选中【设计】选项卡的【设计】组中的【首页不同】复选框。

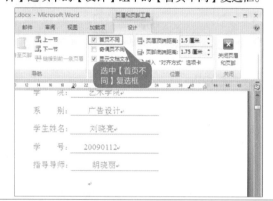

8 查看效果

单击【设计】选项卡下【关闭】组中的【关闭页眉和页脚】按钮，完成页码插入。

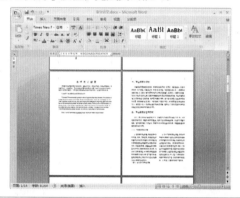

3.8 插入与修改页眉和页脚

本节视频教学时间：3分钟

除了可以插入页码外，还可以在文档中插入页眉和页脚。

1 选择页眉类型

单击【插入】选项卡下【页眉和页脚】组中的【页眉】按钮，在弹出的下拉列表中选择内置的页眉【边线型】。

2 查看效果

此时，选择的页眉类型应用到文档中，在【标题】文本框中输入"海阳科技大学"，单击【关闭页眉和页脚】按钮。

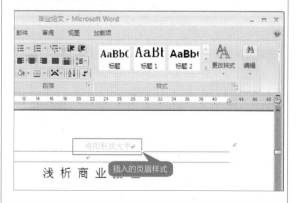

3 选择页脚类型

单击【插入】选项卡的【页眉和页脚】组中的【页脚】按钮，在弹出的下拉列表中选择【边线型】，即可将选择的页脚类型应用到文档中。

选择【边线型】页脚样式

4 打开【日期和时间】对话框

此时，页码的位置发生改变。将光标定位在页码后，单击【设计】选项卡下【插入】选项组中的【日期和时间】按钮，打开【日期和时间】对话框。

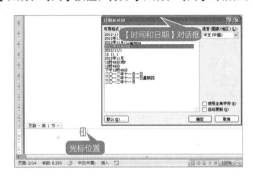

【时间和日期】对话框

光标位置

5 插入并查看日期

在可用格式选择框中选择"2012年11月1日"选项，单击【确定】按钮。再单击【关闭】选项组中的【关闭页眉和页脚】按钮，即可完成页脚的插入。

插入的日期

6 双击插入的页眉

在文档中插入页眉的位置双击，将会使页眉处于可编辑的状态，并打开【页眉页脚工具】▶【设计】选项卡。

7 修改页眉

单击【设计】选项卡下【页眉和页脚】选项组中的【页眉】按钮，在打开的下拉列表中选择【条纹型】选项，即可更改页眉。

选择【条纹型】类型

8 更改字体

选择插入的页眉文字，在【开始】选项卡下的【字体】选项组中可以更改字体样式。

工作经验小贴士

修改页脚与修改页眉的方法相同，这里不再赘述。在Word 2007中还可以设置奇数页和偶数页页眉不同，单击选中【设计】选项卡下【选项】选项组中的【奇偶页不同】复选框即可。

3.9 提取目录

 本节视频教学时间：4分钟

目录可以列出文档中各级标题以及每个标题所在的页码。

1 定位要插入目录的位置

在插入目录前要确定目录所在位置，这里将目录放置在"前言"内容的后面，所以可以将光标定位至第3页左上方。

2 选择目录选项

单击【引用】选项卡的【目录】选项组中的【目录】按钮，在弹出的下拉列表中选择【插入目录】选项。

3 设置目录格式

弹出【目录】对话框，在【打印预览】组中，单击选中【显示页码】和【页码右对齐】复选框，在【常规】组中的【格式】下拉列表框中选择【来自模板】选项。在【显示级别】微调框中选择显示级别为【2】。

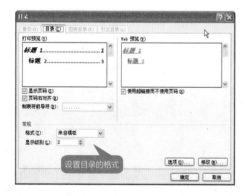

4 完成目录提取

单击【确定】按钮，此时就会在指定的位置自动生成目录，并在目录前添加"目录"文本，设置其格式。

 工作经验小贴士

在【目录】下拉列表中有【手动表格】、【自动目录1】、【自动目录2】等选项，通过选择这些选项可以直接使用预定义的格式生成目录。其中的【手动表格】选项，可以使用用户自己填写目录的标题，不受文档内容的限制。

此外，在建立目录后，还可以利用目录快速定位文档中的内容。将鼠标指针移动到目录的页码上，按住【Ctrl】键并单击鼠标即可跳转到文档中的相应标题处。

3.10 更新目录

 本节视频教学时间：4分钟

如果在提取目录后，对毕业论文进行了较大的改动或者设置目录所在页为单独一页，就会使页码发生改变。这时，就需要对目录进行更新。

1 在目录页面插入分页符

将光标定位至目录最后的位置，单击【插入】选项卡下【页】选项组中的【分页】按钮，可将目录页单独显示。

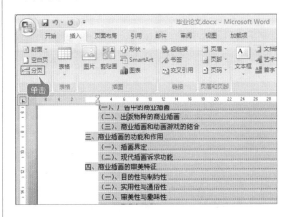

2 单击【更新目录】按钮

设置"结束语"、"致谢词"和"参考文献"为"1级"。单击【引用】选项卡的【目录】组中的【更新目录】按钮。

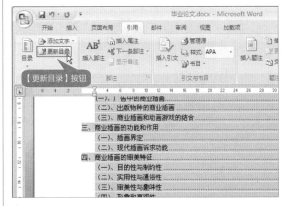

3 选中【更新整个目录】单选项

在弹出的【更新目录】对话框中单击选中【更新整个目录】单选项。

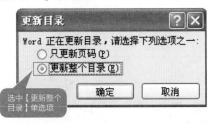

4 完成目录更新

单击【确定】按钮即可完成对文档目录的更新。

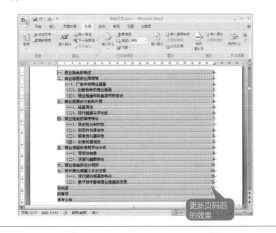

工作经验小贴士

在修改毕业论文时，如果只是页码发生改变，可单击选中【只更新页码】单选项；如果标题也发生了变化，则需要单击选中【更新整个目录】单选项。

3.11 使用各种视图查看论文

 本节视频教学时间：5分钟

所谓视图是指文档的显示方式。在编辑的过程中，用户常常会根据不同的需求而突出文档中的某一部分的内容，以便能更有效地编辑文档。

1. 页面视图

在进行文本输入和编辑时，通常采用页面视图，该视图的页面布局简单，是一种常用的文档视图。它按照文档的打印效果显示文档，使文档在屏幕上看上去就像在纸上一样，可以用来查看文档的打印外观。页面视图可以更好地显示排版格式，在修改文本、格式、版面或文档外观等时可以使用该视图。

2. 阅读版式视图

以阅读版式视图方式查看文档的最大优点是，可以利用最大的空间来进行阅读或批注。

在阅读版式视图下，Word会隐藏许多工具栏，从而使窗口工作区能够显示最多的内容，但在阅读版式下，仍然有部分工具栏可以用于进行简单的修改。

工作经验小贴士

单击阅读版式视图工具栏中的【关闭】按钮，即可关闭阅读版式视图方式，并返回文档之前所处的视图方式。该操作也可以按【Esc】键实现。

3. Web版式视图

Web版式视图主要用于以网页形式查看文档外观。当选择Web版式视图时，编辑窗口会显示得更大，并自动换行以适应窗口。此外，还可以在Web版式视图下设置文档背景，以及浏览和制作网页等。

4. 大纲视图

大纲视图能够显示义档结构和大纲工具，它将所有的标题分级显示出来，层次分明，特别适合较多层次的文档，如报告文体和章节排版等。在大纲视图方式下，用户可以方便地移动和重组长文档。

5. 普通视图

普通主要用于查看草稿形式的文档，便于快速编辑文本。在普通视图中不会显示页眉、页脚等文档元素。

当转换为普通视图时，上下页面的空白处转换为虚线。

举一反三

设计毕业论文需要注意的是，文档中每一类别文本的格式要统一，层次要有明显的区分，且每一类级别的段落设置要使用相同的大纲级别。类似的文档还有散文集、图书版式等。

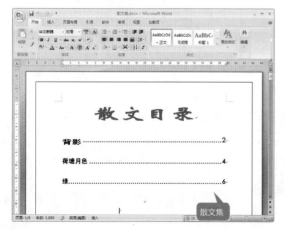

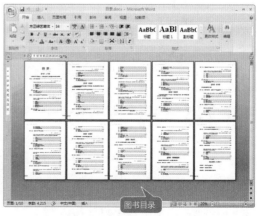

高手私房菜

技巧：创建索引

通常情况下，索引项中会包含各章的主题、文档中的标题或子标题、专用术语、缩写和简称、同义词及相关短语等。

1. 标记索引项

编制索引先要标记索引项，索引项可以是文档中的文本，也可以只与文档中的文本有特定的关系。

---

1 单击【标记索引项】按钮

打开随书光盘中的"素材\ch03\从百草园到三味书屋.docx"文档，移动光标到要添加索引的位置，单击【引用】选项卡的【索引】组中的【标记索引项】按钮。

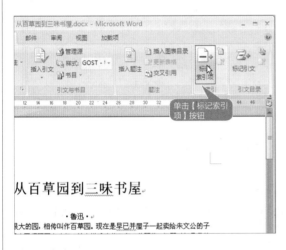

2 设置索引项

弹出【标记索引项】对话框，在【索引】选项组中的【主索引项】文本框中输入要作为索引的内容，例如输入"百草园"。在【选项】选项组中单击选中【当前页】单选项，表示当前的索引项只与其所在的页有关，此时生成的索引项中将只标出其所在页的页码。如果要求该索引项的页码为粗体或者斜体，则可在【页码格式】选项组中单击选中【加粗】和【倾斜】复选框。

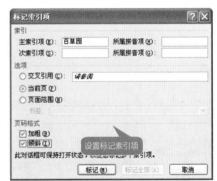

---

3 插入索引区域

单击【标记】按钮即可在文档中选定的位置插入一个索引区域"{XE}"。

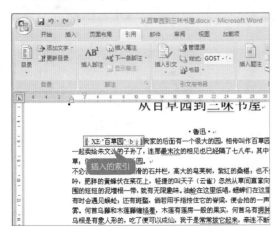

4 修改索引项

移动光标指针到文档中插入索引的位置"{ XE "百草园" \b \i }"，然后直接修改索引区域中的文字为"{ XE "从百草园到三味书屋" \b \i}"，这样即修改了插入的索引项。

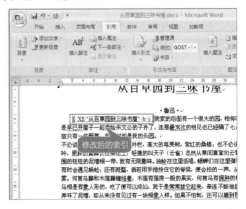

2. 编制索引目录

标记了索引项后，就可以编制索引目录了。

1 单击【插入索引】按钮

打开随书光盘中的"素材\ch03\索引.docx"文档，移动光标到文档中要插入索引的位置。这里选择在文档的末尾。单击【引用】选项卡的【索引】组中的【插入索引】按钮。

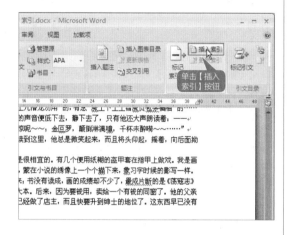

2 设置索引

弹出【索引】对话框，在【类型】选项组中提供有【缩进式】和【接排式】两种索引项的排列方式。单击选中【缩进式】单选项，主索引项和对应的次索引项呈梯状按层次排列；选中【接排式】单选项，主索引项和对应的次索引项排列在同一行，主索引项在前，次索引项在后，中间用冒号隔开。

3 提取索引目录

单击【确定】按钮即可在文档中插入设置的索引。

4 更新索引

编制索引完成后，如果在文档中又标记了新的索引项，或者由于在文档中增加或删除了文本，使分页的情况发生了改变，就必须更新索引。移动光标到索引中的任意位置，单击选中整个索引，然后单击鼠标右键，在弹出的快捷菜单中选择【更新域】选项即可更新索引。

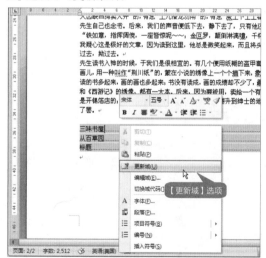

第4章

审阅与处理文档
——制作公司年度报告

 本章视频教学时间：59 分钟

Word 2007提供错误处理的功能，可以帮助用户发现文档中的错误并给予修正。通过查找功能可以帮助用户定位到所需要的位置，在较大的文档内查找文本非常实用。

【学习目标】

通过本章的学习，更深一步地了解 Word 2007 软件，并学会审阅修改工作文档。

【本章涉及知识点】

了解在 Word 中处理错误的方法

掌握 Word 的查找替换功能

掌握在 Word 中修订文档的方法

掌握在 Word 中添加批注的方法

4.1 错误处理

本节视频教学时间：14分钟

Word 2007提供错误处理的功能，可以帮助用户发现文档中的错误并给予修正。

4.1.1 拼写和语法检查

当输入文本时，很难保证输入文本的拼写和语法都完全正确，要是有一个"助手"在一旁时刻提醒，就可以减少错误。Word 2007中的拼写和语法检查功能即是这样的助手，它能在输入时提示输入的错误，并提出修改的意见，十分方便。

1. 设置自动拼写和语法功能

在输入文本时，如果无意中输入了错误的或者不可识别的单词和语法，Word 2007就会在错误的部分下用红色或绿色的波浪线进行标记。在文档中设置自动拼写和语法检查的具体操作步骤如下。

1 单击【Word 选项】按钮	**2** 弹出【Word 选项】对话框
打开随书光盘中的"素材\ch04\公司年度报告.docx"文档，单击【Office】按钮，在弹出的下拉菜单中单击【Word 选项】按钮，如下图所示。 	弹出【Word 选项】对话框，如下图所示。 
3 设置【Word选项】对话框	**4** 单击【确定】按钮
在【Word 选项】对话框的左侧列表中单击【校对】选项卡，然后在"在Word中更正拼写和语法时"中单击选中【键入时检查拼写】复选框、【键入时标记语法错误】复选框和【随拼写检查语法】复选框。 	单击【确定】按钮，在文档中就可以看到起提示作用的波浪线。 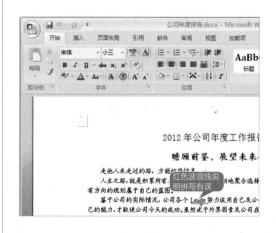

2. 修改错误的拼写和语法

在文档中修改错误的拼写与语法检查。

1 单击"可更正"按钮

在打开的公司年度报告文档中，单击状态栏中的 按钮，弹出如图所示的快捷菜单，选择【拼写检查】菜单选项。

2 设置【拼写：英语（美国）】对话框

在弹出的【拼写：英语（美国）】对话框中单击【建议】下的正确的单词选项，如下图所示。单击【更改】按钮。

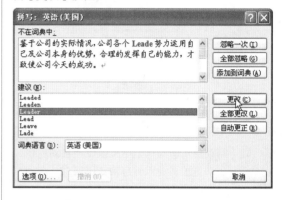

3 更正错误

完成对文档拼写错误的更改。

4 修改完成

按照步骤1~步骤3的操作，修改以下文档中的语法和拼写错误。修改后的结果如下图所示。

4.1.2 自动处理错误

在Word 2007中除了使用拼写和语法检查之外，还可以使用自动更正功能来检查和更正错误的输入。例如，输入"teh"和一个空格，则自动更正为"the"，输入"This is theh ouse"和一个空格，则自动更正为"This is the house"。

下面以处理公司年度报告文档中的错误为例来设置自动更正。

1 单击【Word 选项】按钮

打开文档之后，单击【Office】按钮，在弹出的下拉菜单中单击【Word 选项】按钮。

2 单击【自动更正选项】按钮

弹出【Word选项】对话框。单击【校对】选项卡，再单击【自动更正选项】按钮，弹出【自动更正】对话框。

3 【自动更正】对话框中的设置

在【自动更正】对话框中可以设置自动更正、数学符号自动更正、键入时自动套用格式、自动套用格和操作等方面的设置。

4 完成设置

设置完成后单击【确定】按钮返回【Word选项】对话框，再次单击【确定】按钮即可返回到文档编辑模式。以后再进行文档编辑时将按照用户所设置的内容自动更正错误。

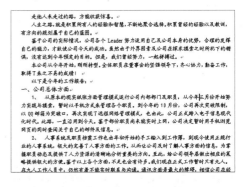

4.2 自动更改字母大小写

本节视频教学时间：3分钟

Word 2007提供了更多的单词拼写检查模式，例如【句首字母大写】、【全部小写】、【全部大写】、【每个单词首字母大写】、【切换大小写】、【半角】和【全角】等。

选中需要更改大小写的单词、句子或段落，在【开始】选项卡【字体】组中单击【更改大小写】按钮 ，在【更改大小写】下拉菜单中选择所需要的选项即可，这里选择【句首字母大写】选项。

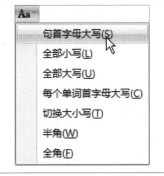

4.3 定位文档

本节视频教学时间：4分钟

对于较长的文档，如果需要查看某一页或某一节内容，通过拖曳文档右侧的垂直滚动条来定位文档会比较麻烦，也不利于查找，这时使用快速定位可达到目的。

1 选择【转到】菜单选项

单击【开始】选项卡【编辑】组中的【查找】按钮 右侧的下拉三角，在下拉菜单中选择【转到】菜单选项。

2 实现快速定位

弹出【查找和替换】对话框，并显示【定位】选项卡，在【定位目标】列表中可选择定位目标，在右侧的文本框中输入对应的目标，单击【定位】按钮即可快速定位。

4.4 查找替换功能

本节视频教学时间：6分钟

通过查找功能，用户可以定位到所需要的位置，这在较大的文档内查找文本非常实用。用户也可以使用替换功能，将查找到的文档或文档格式替换为新的内容。同时，还可以利用Word 2007进行定位，例如定位文档于某一页等。

使用查找、替换功能，在"公司年度报告"文档中查找文本"完善"，并将其替换为"改善"。

1 选择【查找】菜单选项

在"公司年度报告"文档中，单击【开始】选项卡下【编辑】选项组中的【查找】按钮 右侧的下拉三角，在下拉菜单中选择【查找】菜单选项。

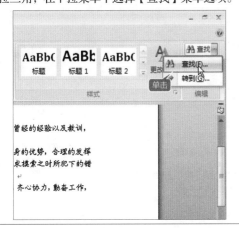

2 查找匹配项

弹出【查找和替换】对话框，选择【替换】选项卡，在【查找内容】文本框中输入"完善"，在【替换为】文本框中输入"改善"，如下图所示，单击【查找下一处】按钮，即可看到查找的内容。

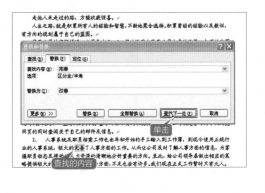

3 单击【全部替换】按钮	4 替换效果
在【查找和替换】对话框中，单击【全部替换】按钮，弹出如下图所示的提示框，单击【确定】按钮。	关闭【查找和替换】对话框，即可将文档中的"完善"全部替换为"改善"。最终效果如下图所示。
	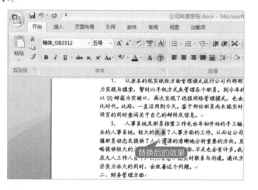

4.5 审阅文档

本节视频教学时间：21分钟

　　批注是文档的审阅者为文档添加的注释、说明、建议、意见等信息。可以在把文档分发给审阅者前设置文档保护，使审阅者只能添加批注，而不能修改文档正文。使用批注可以保护文档，方便工作组的成员之间进行交流。

4.5.1 添加批注和修订

　　在审阅文档时，批注和修订起着很重要的作用，可以为文本、表格或图片等文档内容进行添加。

1. 添加批注

　　批注是对文档的特殊说明，添加批注的对象可以是文本、表格或图片等文档内的所有内容。

1 单击【新建批注】按钮	2 输入批注内容
在公司年度报告文档中，选中需要添加批注的文字内容，单击【审阅】选项卡下【批注】组中的【新建批注】按钮。	此时，选中的文字将被填充颜色，并且被一对括号括了起来，旁边为批注框，在批注框中输入批注内容。
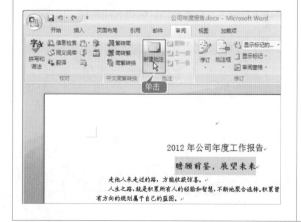	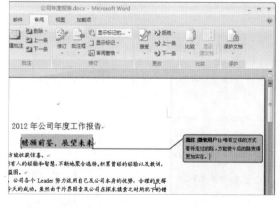

2. 修订文档

修订是显示文档中所做的诸如删除、插入或者其他编辑更改位置的标记。启用"修订"功能，作者或审阅者的每一次插入、删除或者格式更改，都会被标记出来。

1	打开素材，单击【审阅】选项卡	2	单击【修订】按钮

在"公司年度报告"文档中单击【审阅】选项卡【修订】组中的【修订】▶【修订】菜单命令。

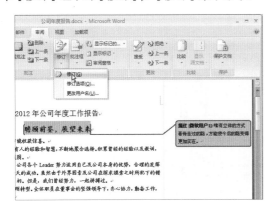

文档处于修订状态下，然后即可对文档进行修改。

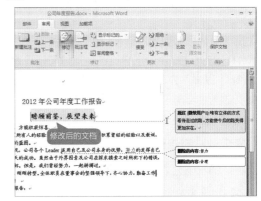

工作经验小贴士

可以单击【修订】按钮下的下三角箭头，在弹出的快捷菜单中选择【修订选项】菜单选项，在弹出的【修订选项】对话框中可设置修订格式。

在修订状态中，所有对本文档的操作都将被记录下来，这样就能快速地查看文档中的修订。单击【保存】按钮，即可保存对文档的修订。

4.5.2 编辑批注

如果对批注的内容不满意还可以进行修改。单击添加的批注内容，此时批注处于编辑状态，可以对其进行编辑。

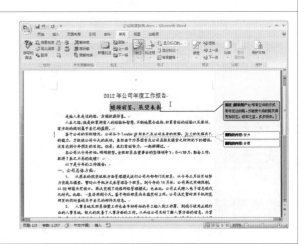

4.5.3 查看及显示批注和修订的状态

Word 2007为方便审阅者或用户的操作，提供了多种查看及显示批注和修改状态的功能。

1. 设置批注和修订的显示方式

单击【审阅】选项卡【修订】组中的【批注框】按钮，在弹出的下拉菜单中单击选中【在批注框中显示修订】复选框。

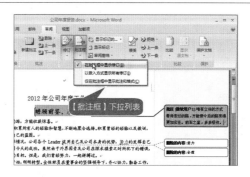

批注和修订的显示方式有以下3种。

(1)【在批注框中显示修订】：批注和修订都以批注框的形式显示。

(2)【以嵌入方式显示所有修订】：将批注和修订嵌入到文档中，批注只显示修订人和修订号，鼠标指针放上去会显示具体的批注内容。

(3)【仅在批注框中显示批注和格式】：以批注框的形式显示批注，以嵌入的形式显示修订。

2. 显示批注和修订

默认情况下，Word 2007是显示批注的，可以通过单击【审阅】选项卡【批注】组中的【上一条】 上一条或【下一条】 下一条，进行批注的浏览。

当用户需要有选择地显示批注时，可以在【审阅】选项卡【修订】组中的【显示标记】下拉列表中选择相应的选项。如不需要显示针对格式所做的修订，撤消选中【设置格式】复选框即可。

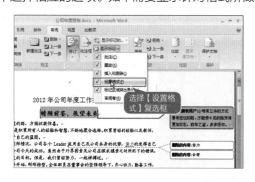
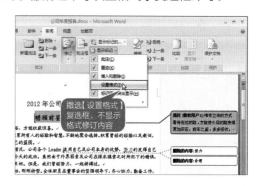

3. 查看带有批注或修订的文档

如果想查看修订前或修订后的文档，在【审阅】选项卡【修订】组中的【显示以供审阅】下拉列表中选择相应的选项即可。

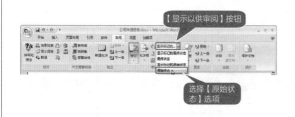

工作经验小贴士

【显示以供审阅】下拉列表中共有 4 个选项，分别介绍如下。

(1)【最终：显示标记】：显示最终文档及其中所有的修订和批注。这是 Word 中的默认显示方式。

(2)【最终状态】：显示的文档包含了合并到文本中的所有更改，但不显示批注和修订。

(3)【原始：显示标记】：显示带有修订和批注的原始文档。

(4)【原始状态】：显示未修订前的原始文档，不显示修订和批注。

4. 通过审阅窗口浏览批注和修订

单击【审阅】选项卡【修订】组中的【审阅窗格】按钮，即可在文档的左侧显示审阅窗格。此外，也可以单击【审阅窗格】按钮，在下拉菜单中选择【水平审阅窗格】菜单选项，此时审阅窗格将以水平方式显示。

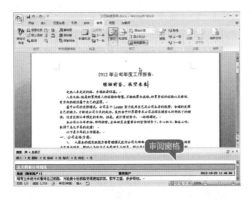

工作经验小贴士

在审阅窗格中，便于作者汇总查看文档批注和修订的内容，也可以通过审阅窗格中的批注或修订内容直接定位到文档的相应位置。

4.5.4 接受或拒绝批注和修订

当审阅者把修订后的文档返回给作者的时候，作者可以查阅修订的内容，并根据实际情况修改。

1. 接受修订

在文档进行了修订后，有些修订的内容是正确的，这时就可以接受修订。

1 接受修订

关闭【审阅窗格】，并切换至【显示标记的最终状态】，将光标定位在需要接受修订的内容处，然后单击【审阅】选项卡下【更改】组中的【接受】按钮，即可接受文档中的修订。此时系统将选中下一条修订。

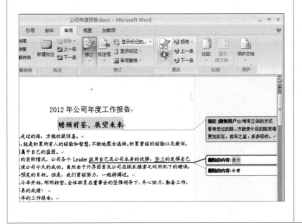

2 接受所有修订

单击【更改】组中【接受】按钮下方的倒三角按钮，在弹出的快捷菜单中选择【接受对文档的所有修订】选项，自动接受所有修订。

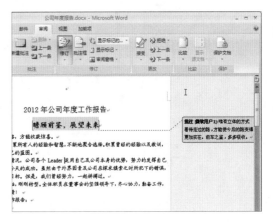

2. 拒绝批注

在文档添加了批注后，觉得有些批注不是很恰当，这时就需要拒绝。

1 定位光标	**2** 修订被删除
将光标定位在批注上。	单击【审阅】选项卡下【更改】组中的【拒绝】按钮，弹出提示对话框，单击【确定】按钮即可。
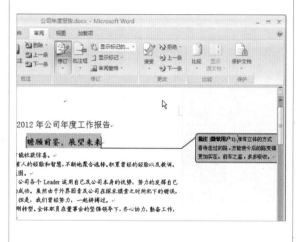	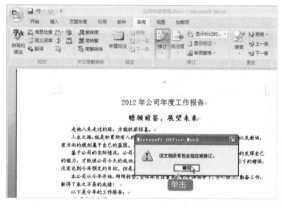

4.6 限制编辑

🎬 本节视频教学时间：8分钟

文件修改完毕后，准备放在共享文件夹中，但是又担心被别人恶意修改，怎么办呢？此时可以使用Word 2007提供的"保护"功能。

单击【审阅】选项卡的【保护】组中的【保护文档】按钮，在下拉列表中选择【限制格式和编辑】选项，弹出【限制格式和编辑】任务窗格。

1 启用格式设置限制和编辑限制	**2** 选择【不允许任何更改（只读）】选项
单击选中【限制对选定的样式设置格式】和【仅允许在文档中进行此类型的编辑】复选框。	在【编辑限制】选项组中的下拉列表框中选择【不允许任何更改（只读）】选项，这样就能够防止其他人的恶意修改了。

4.7 发送文档

本节视频教学时间：3分钟

制作好文档之后，可以将Word文档通过QQ或飞鸽传书等工具将文档发送给领导，或者以邮件的形式将文档传给领导审阅。

1. 使用QQ传输文档

在办公室工作环境中，传输文件的方法有多种。例如，用户可以在打开的QQ聊天窗口中单击【传送文件】按钮右侧的下三角按钮，从弹出的列表中选择【发送文件】选项。

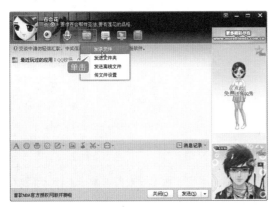

2. 使用飞鸽传书传输文档

在办公室工作环境中，公司员工连接有局域网，可以利用局域网使用飞鸽传书工具传输文件。

1 选择传输文件	**2** 单击【发送】按钮
安装并打开"飞鸽传书"软件，将需要传输的文件拖曳至飞鸽传书页面的对话框中。 	选择需要传输到的同事，然后单击【发送】按钮即可传输文件。 

举一反三

公司年度报告是办公应用中比较常用的一种文件，主要包括标题和内容两部分。公司年度报告的制作主要运用了Word 2007中的检查拼写，校对语法、批注和修订等功能，合理运用可以制作优秀的年度报表。还有很多和公司年度报告类似的文件，如企业管理制度、公司简报、业务考核系统说明、知识手册等。

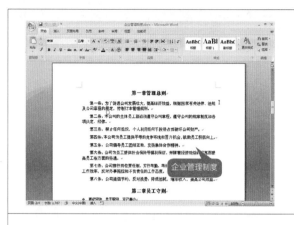

高手私房菜

技巧：合并批注后的文档

1 打开【合并】对话框

单击【审阅】选项卡的【比较】组中的【比较】按钮，在弹出的下拉列表中选择【合并】选项。弹出【合并文档】对话框。

2 打开原文档

单击【原文档】文本框右侧的【打开】按钮，选择要打开的原文档，这里选择随书光盘中的"素材\ch04\公司年度报告.docx"文档。

3 打开修订的文档

单击【修订的文档】文本框右侧的【打开】按钮，选择要打开的修订的文档，这里选择随书光盘中的"素材\ch04\公司年度报告（修订）.docx"文档，单击【确定】按钮。

4 查看效果

将会打开名称为"合并结果2"的文档，此时就可以查看原文档和修订后文档的区别了。

第5章

Excel 2007 的基本操作

——制作销售报表

 本章视频教学时间: 52 分钟

Excel 2007是微软公司推出的Office 2007办公系列软件的一个重要组成部分,主要用于电子表格处理,可以高效地完成各种表格和图的设计,还可以进行复杂的数据计算和分析,大大提高数据处理效率。

【学习目标】

通过本章的学习,可以初步了解 Excel 2007 软件,并制作简单的工作表。

【本章涉及知识点】

了解 Excel 2007 的工作界面

设置文字格式

调整单元格大小

为工作表添加边框

5.1 Excel 2007的启动和退出

 本节视频教学时间：10分钟

使用Excel 2007创建销售报表之前，需要启动Excel 2007。

1 从【开始】菜单启动

　　单击任务栏中的【开始】按钮，在弹出的【开始】菜单中选择【所有程序】➤【Microsoft Office】➤【Microsoft Office Excel 2007】选项启动Excel 2007。

2 从桌面快捷方式启动

　　双击桌面上的Excel 2007快捷图标，即可启动Excel 2007。

工作经验小贴士

使用快捷方式打开工作簿是较简单的方法，但是不是所有的程序都可以通过快捷方式打开。

　　除了直接启动Excel 2007软件创建空白工作簿外，用户也可以通过打开已有的Excel文档和直接在目标位置新建Excel文档两种方法创建工作簿。

1 通过打开Excel文档启动

　　在计算机中找到并双击一个已存在的Excel文档（扩展名为.xlsx）的图标，即可启动Excel 2007。

2 直接创建Excel文档

　　单击鼠标右键，在弹出的快捷菜单中选择【新建】➤【Microsoft Office Excel工作表】选项，即可直接创建Excel文档。

工作经验小贴士

使用此种方法创建的Excel文档直接以默认名称"新建 Microsoft Exce工作表.xlsx"保存到计算机中。

新建Excel文档后，单击快速访问栏中的【保存】按钮，弹出【另存为】对话框。在【保存位置】下拉列表中选择保存路径，在【文件名】文本框中输入"销售报表.xlsx"，单击【保存】按钮。

工作经验小贴士

如果用户打开的为已经创建好的文档，系统直接以默认名称"工作簿1.xlsx"文件保存，用户只需要将名称修改为"销售报表"即可。

保存后就可以退出Excel 2007了。退出Excel 2007的方法有很多，常用的方法有以下2种。

1 使用【关闭】按钮

单击Excel 2007窗口右上角的【关闭】按钮即可。

2 单击【退出Excel】按钮

在Excel 2007窗口的左上角单击【Office】按钮，在弹出的下拉菜单中单击【退出Excel】按钮。

工作经验小贴士

单击窗口左上角的【Office】按钮，在弹出的菜单中选择【关闭】选项，关闭的是当前工作表，但并不退出 Excel 2007 程序。按【Alt+F4】组合键同样可以退出 Excel 2007。

5.2 Excel 2007的工作界面

 本节视频教学时间：10分钟

新建工作簿之后，即可打开Excel 2007的工作界面，它主要由标题栏、【Office】按钮、功能区、编辑栏、工作区和状态栏等几部分组成。

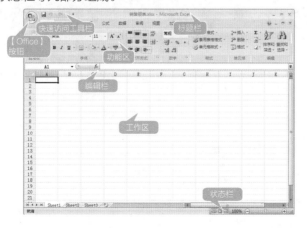

1. 标题栏

默认状态下，标题栏左侧显示【快速访问工具栏】，在标题栏中间显示当前编辑表格的文件名称，默认情况下，第一次启动Excel，默认的文件名为"工作簿1"。

2.【Office】按钮

Excel 2007操作界面中的【Office】按钮取代了Excel 2003中的【文件】菜单。单击【Office】按钮，弹出基本操作命令，包括保存、另存为、打开、关闭、打印、选项以及其他等。

3. 功能区

Excel 2007的工作区由各种选项卡和包含在选项卡中的各种命令组成，利用它用户可以轻松地找到以前隐藏在复杂菜单和工具栏中的命令和功能。

4. 编辑栏

编辑栏位于功能区的下方，工作区的上方，用于显示和编辑当前活动单元格的名称、数据或公式。

"名称框"用于显示当前单元格的地址和名称。当选择单元格或区域时，名称框中将出现相应的地址名称。使用名称框可以快速转到目标单元格中。

"功能按钮"主要包括【取消】按钮⊠、【输入】按钮☑和【插入函数】按钮fx。单击【取消】按钮⊠，取消输入或修改的内容并退出对该单元格的编辑；单击【输入】按钮☑，确定输入或修改该单元格的内容，同时退出编辑状态；单击【插入函数】按钮fx，打开【插入函数】对话框，选择函数。

"公式框"主要用于向活动单元格中输入、修改数据或公式。当向单元格中输入数据或公式时，在名称框和公式框之间会出现两个按钮，单击【确定】按钮，可以确定输入或修改该单元格的内容，同时退出编辑状态；单击【取消】按钮，则可取消对该单元格的编辑。

5. 工作区

工作区是Excel 2007操作界面中用于输入数据的区域，由单元格组成，用于输入和编辑不同的数据类型。

6. 状态栏

状态栏用于显示当前数据的编辑状态、选定数据统计区、页面显示方式和调整页面显示比例等。

5.3 设置工作表

本节视频教学时间：16分钟

默认状态下创建新的工作簿包含3个工作表。在"销售报表.xlsx"工作簿中可以看到创建工作表默认名称为"Sheet1"、"Sheet2"、"Sheet3"。用户可以根据表格需要添加、删除、移动、复制工作表及更改工作表的名称等。

5.3.1 更改工作表的名称

删除工作表之后，用户可以将"销售报表.xlsx"工作簿中的"Sheet1"工作表名称修改为"销售报表"，方便管理工作表。

1 双击要重命名的工作表标签

　　双击要重命名的工作表的标签Sheet1（此时该标签以高亮显示），进入可编辑状态。

2 查看效果

　　输入新的标签名，即可完成对该工作表标签进行的重命名操作。

　　除了上述方法外，也可以使用快捷菜单对工作表重命名。

　　在要重命名的工作表标签上单击鼠标右键，在弹出的快捷菜单中选择【重命名】菜单选项。此时工作表标签会高亮显示，在标签上输入新的标签名，即可完成工作表的重命名。

5.3.2 创建新的工作表

　　Excel默认工作表是3个，如果编辑Excel表格时需要更多的工作表，可以插入新的工作表。

1 选择【插入工作表】菜单命令

　　选择【开始】选项卡中【单元格】选项组，单击【插入】菜单命令，在弹出下拉菜单中选择【插入工作表】命令。

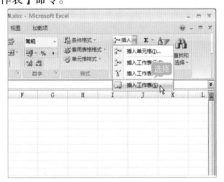

2 查看效果

　　即可在当前工作表前面插入"Sheet4"工作表。

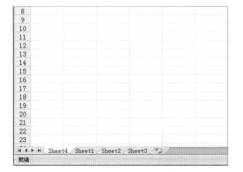

工作经验小贴士

　　在每一个 Excel 表格中最多可以插入 255 个工作表，但在实际操作中插入找作表数要受所使用的计算机内存的限制。

5.3.3 选择单个或多个工作表

在删除工作表之前首先要选择工作表。在工作簿中，当前工作表为Sheet1。选择工作表时用户可以选择单个的Excel工作表，也可以直接选择多个工作表。

1 用鼠标选定Excel表格

用鼠标选定Excel表格的方法很简单，只需在Excel表格最下方的工作表标签上单击即可。

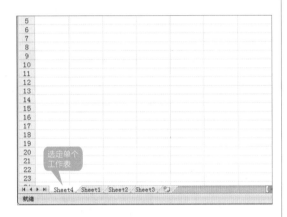

2 选定连续的Excel表格

在Excel表格下方的第1个工作表标签上单击，选定该Excel表格，按住【Shift】键的同时选定最后一个表格的标签，即可选定连续的Excel表格。

 工作经验小贴士

要选择不连续的Excel表格，按住【Ctrl】键的同时选择相应的Excel表格即可。

5.3.4 工作表的移动与复制

移动工作表可以将工作表移动到当前工作簿中，也可以移动至其他工作簿中。

1 选择工作表

选择要移动的工作表的标签，按住鼠标左键不放。

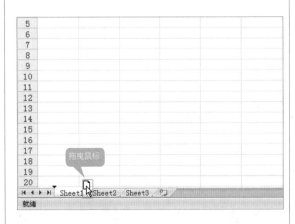

2 移动结果

拖曳鼠标将指针移到工作表的新位置，黑色倒三角会随鼠标指针的移动而移动。释放鼠标左键，工作表即移动到新的位置。

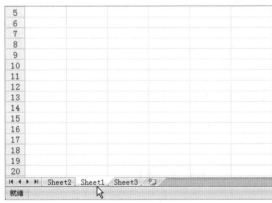

用鼠标复制工作表的步骤与移动工作表的步骤相似，只是在拖动鼠标的同时按住【Ctrl】键即可。在【移动或复制工作表】对话框，单击选中【建立副本】复选框即可复制工作表。

1 使用【移动或复制工作表】命令	**2 移动结果**
在要移动的工作表标签上单击鼠标右键，在弹出的菜单中选择【移动或复制工作表】选项。	在弹出的【移动或复制工作表】对话框中选择要插入的位置。单击【确定】按钮，即可将当前工作表移动到指定位置。
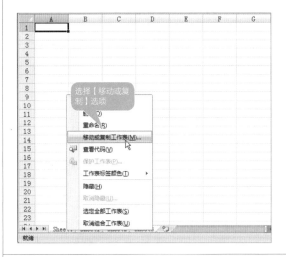	

5.3.5 删除工作表

为了方便Excel表格的管理，可以将无用的Excel表格删除。通常删除工作表的操作步骤如下。

1 选择【删除】命令删除工作表	**2 使用功能区中的命令删除工作表**
选择要删除的工作表（这里选择"Sheet2"工作表）后，单击鼠标右键，在弹出的快捷菜单中选择【删除】菜单选项即可删除Sheet2工作表。	选择要删除的工作表。单击【开始】选项卡【单元格】选项组中的【删除】按钮 删除 右侧的 按钮，在弹出的下拉菜单中选择【删除工作表】菜单选项即可。
	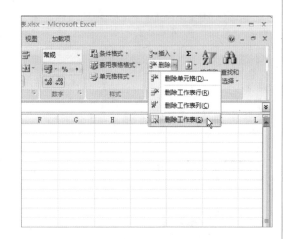

工作经验小贴士

使用该方法也可以同时删除多个工作表。

5.4 输入销售报表内容

本节视频教学时间：2分钟

设置工作表之后，就可以向"销售报表.xlsx"中输入数据了。

1 输入标题

单击要输入数据的单元格，（这里单击A1单元格），并输入"销售报表"，按【Enter】键结束。

2 输入表头

输入标题之后，接着输入其他的单元格内容，即输入表头，效果如下图所示。

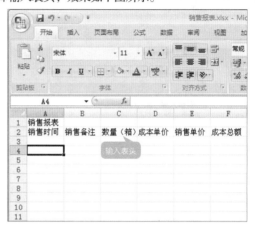

5.5 设置文字格式

本节视频教学时间：5分钟

在工作表中输入标题和表头信息后，还可以设置文字的格式。

1 设置标题字体

选择A1单元格，在【开始】选项卡【字体】选项组中单击【字体】后侧的下拉按钮，在弹出的列表中选择一种字体样式，如选择"方正大黑简体"。

2 设置表头字号

选择A1单元格中的"销售报表"文本内容，此时弹出透明的快捷菜单，将光标移动至快捷菜单上，单击【字号】右侧的下拉按钮，在弹出的字号列表中选择"28"。

3 设置标题其他格式

选择A1单元格，单击【开始】选项卡【字体】选项组中的【加粗】按钮可以加粗标题文字，然后单击【字体颜色】右侧的下拉按钮，在弹出的颜色列表中选择一种颜色。

4 设置表头格式

选择A2~L2单元格，在【开始】选项卡【字体】选项组中设置文字字体为"方正楷体简体"，字号为"14"。

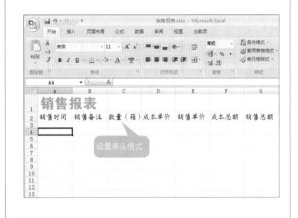

5.6 调整单元格大小

本节视频教学时间：5分钟

在设置标题和表头格式后，为了使单元格更加美观，需要对单元格进行调整。

5.6.1 调整单元格行高

设置标题和表头字体大小时，Excel能根据输入字体的大小自动地调整行的高度，使其能容纳行中最大的字体。当然，也可以根据需要手动调整单元格行高。

1 调用【行高】菜单命令

将光标移至第一行左侧的"1"处，鼠标变为向右的箭头，单击选择标题行，然后再单击鼠标右键，在弹出的快捷菜单中选择【行高】菜单选项。

2 设置标题行行高

弹出【行高】对话框，在【行高】文本框中输入合适的行高，如"36"，单击【确定】按钮。

工作经验小贴士

除了精确地设置行高，还可以直接用鼠标拖曳来调整行高，使用这种方法调整行高快但是不精确。

5.6.2 调整单元格的列宽

在"销售报表"中输入表头行后，可以看到有的单元格内容被截断显示，有的占用了右侧的空白单元格，这是由于单元格的列宽不足引起的。

1 拖动列标之间的边框调整A列列宽

将鼠标光标移动到A列与B列的列标之间，当鼠标光标变成┿形状时，按住鼠标左键向左拖动可以使列变窄，向右拖动则可使列变宽。拖动时将显示出以点和像素为单位的宽度工具提示。

2 使用快捷菜单调整B列列宽

将鼠标光标移至A列上方的"A"处，鼠标光标变为向下的箭头，单击选中A列，然后再单击鼠标右键，在弹出的快捷菜单中选择【列宽】菜单选项，弹出【列宽】对话框，输入合适的列宽，单击【确定】按钮。

5.6.3 合并与拆分单元格

合并标题行单元格，并设置标题单元格，让销售报表更美观。

1 使用【合并并居中】按钮

选择A1~L1单元格后，单击【开始】选项卡【对齐方式】选项组中【合并并居中】按钮。

2 使用对话框

选择A1~L1单元格后，单击鼠标右键，在弹出的列表中选择【设置单元格格式】选项，在弹出的【设置单元格】对话框中选择【对齐】选项卡，在【文本控制】组中单击选中【合并单元格】复选框，单击【确定】按钮也可合并标题单元格。

工作经验小贴士

单击【合并后居中】按钮可以合并选择的多个单元格，再次单击即可恢复。也可以单击【合并后居中】按钮右侧的下拉按钮选择【取消单元格合并】命令完成恢复操作。

5.7 添加边框

 本节视频教学时间：4分钟

制作销售报表后，为其添加边框线，让报表更完整。

选择A1~L15单元格，单击【开始】选项卡【字体】选项组中的【边框】按钮右侧的下三角按钮，在弹出的下拉列表中选择【所有边框】选项即可添加边框线。至此，"销售报表"就制作完成了。

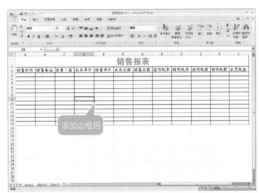

举一反三

销售报表是比较简单的一种工作表，主要包括表的标题和表头内容两部分。不同单位的销售报表根据实际情况，表头信息有所不同。除了销售报表，还有很多类似的简单的工作表，如办公室来电登记表、员工通讯录、来客登记表、会议记录登记表等。

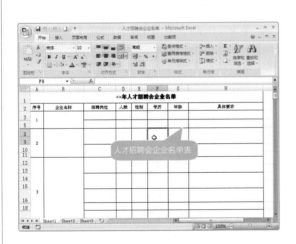

高手私房菜

技巧1: 自动打开某个文件夹中的所有工作簿

在计算机中新建一个文件夹，并将需要自动打开的工作簿文档移动到该文件夹中，自动打开某个文件夹中的所有工作簿的具体操作步骤如下。

1 打开【Excel选项】对话框

选择【Office】按钮，在弹出的列表中选择【Excel选项】选项，弹出【Excel选项】对话框，在左侧列表中选择【高级】选项。

2 输入文件名称和路径

在【常规】选项区域的【启动时打开此目录中的所有文件】文本框中输入文件夹名称及路径，单击【确定】按钮。这样启动Excel 2007时，位于上述文件夹中的所有工作簿文件就都会被自动打开。

技巧2: 自定义表格样式

在Excel 2007中可以将自定义的表格样式保存起来，方便以后使用。

1 设置表样式

单击【开始】选项卡下【样式】选项组中的【套用表格样式】按钮，在弹出的列表中选择【新建表样式】选项，打开【新建表快速样式】对话框，在【名称】文本框中输入表样式的名称，并设置表的样式，单击【确定】按钮。

2 查看效果

单击【开始】选项卡下【样式】选项组中的【套用表格样式】按钮，在弹出的列表中的【自定义】区域就可以看到自定义的表格样式。

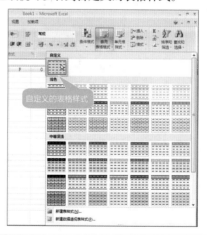

第 6 章

输入和编辑数据
——制作员工通讯录

 本章视频教学时间：1 小时 16 分钟

Excel允许使用时根据需要在单元格中输入文本、数值、日期时间及计算公式等。在进行输入前应先了解各种类型的表格信息和输入格式。

【学习目标】

通过本章的学习，了解数据输入和编辑技巧。

【本章涉及知识点】

插入或删除行 / 列

数据类型和数据输入技巧

快速填充表格数据

复制和移动单元格区域

6.1 创 Excel 2007工作簿

 本节视频教学时间：10分钟

使用Excel 2007制作员工通讯录时首先要创建一个工作簿。

6.1.1 Excel 2007文件的类型

Excel 2007支持的文件格式如下表所示。

格式	扩展名	说明
Excel 工作簿	.xlsx	Excel 2007 默认的基于 XML 的文件格式。不能存储 Microsoft Visual Basic for Applications (VBA) 宏代码或 Microsoft Office Excel 4.0 宏工作表 (.xlm)
Excel 工作簿（代码）	.xlsm	Excel 2007 基于 XML 和启用宏的文件格式。存储 VBA 宏代码或 Excel 4.0 宏工作表 (.xlm)
Excel 二进制工作簿	.xlsb	Excel 2007 的二进制文件格式 (BIFF12)
模板	.xltx	Excel 2007 的 Excel 模板默认的文件格式。不能存储 VBA 宏代码或 Excel 4.0 宏工作表 (.xlm)
模板（代码）	.xltm	Excel 模板 Excel 2007 启用宏的文件格式。存储 VBA 宏代码或 Excel 4.0 宏工作表 (.xlm)
Excel 97– Excel 2003 工作簿	.xls	Excel 97 – Excel 2003 二进制文件格式 (BIFF8)
Excel 97– Excel 2003 模板	.xlt	Excel 模板的 Excel 97 – Excel 2003 二进制文件格式 (BIFF8)
Microsoft Excel 5.0/95 工作簿	.xls	Excel 5.0/95 二进制文件格式 (BIFF5)
XML 电子表格 2003	.xml	XML 电子表格 2003 文件格式 (XMLSS)
XML 数据	.xml	XML 数据格式
Excel 加载项	.xlam	Excel 2007 基于 XML 和启用宏的加载项格式。加载项是用于运行其他代码的补充程序。支持 VBA 项目和 Excel 4.0 宏工作表 (.xlm) 的使用
Excel 97–2003 加载项	.xla	Excel 97–2003 加载项，即设计用于运行其他代码的补充程序。支持 VBA 项目的使用
Excel 4.0 工作簿	.xlw	仅保存工作表、图表工作表和宏工作表的 Excel 4.0 文件格式

6.1.2 使用模板快速创建工作簿

如果用户要创建的工作簿格式和现有的某个工作簿相同或类似，可基于现有工作簿创建，然后修改即可。

1 启动Excel 2007

单击任务栏中的【开始】按钮，在弹出的【开始】菜单中选择【所有程序】▶【Microsoft Office】▶【Microsoft Office Excel 2007】选项启动Excel 2007。

2 选择【新建】菜单选项

新建工作簿后，单击【Office】按钮，在弹出的下拉菜单中选择【新建】菜单选项。

3 选择样本模板

弹出【新建工作簿】窗口，在【模板】列表中单击【根据现有内容新建】按钮，在弹出的【根据现有内容新建】对话框中选择样本模板，单击【新建】按钮即可。

4 使用模板创建工作簿

选择A1单元格中的"学生通讯录"改为"员工通讯录"，然后根据需要修改其他的文本内容，按【Delete】键将不需要的文本删除，效果如下图所示。

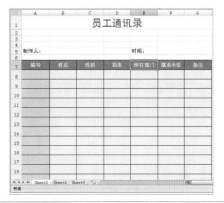

5 使用【保存】按钮

单击快速访问栏中的【保存】按钮，弹出【另存为】对话框，输入工作簿的名称"员工通讯录.xlsx"。

6 保存工作簿

单击【保存】按钮，返回到工作簿中可以看到工作簿名称已经修改。

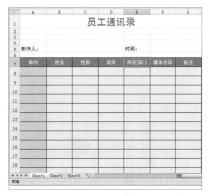

工作经验小贴士

用户也可以用【已安装的模板】列表中模板，在打开的模板列表中选择合适的模板，再根据需要进行修改即可。

6.2 插入或删除行/列

 本节视频教学时间：5分钟

使用模板创建"员工通讯录.xlsx"后，用户可以根据需要对工作表进行调整，如添加、删除行或列等。

6.2.1 删除行

创建"员工通讯录.xlsx"工作簿后，可以看到标题行下面有不需要的空白行或内容，如果用户觉得不美观，可以删除。

1 选择行	**2** 删除行
将光标移动到第2行的行号上，单击并向下拖曳鼠标，同时选中第2行和第3行单元格。	选择行后，单击鼠标右键，在弹出的快捷菜单中选择【删除】菜单选项，选择的行即可被删除。
	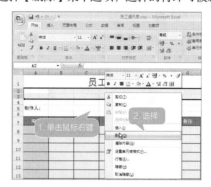

工作经验小贴士

选择要删除的行后，单击【开始】选项卡【单元格】选项组中的【删除】右侧的下三角按钮，在弹出的下拉列表中选择【删除工作表行】选项也可以删除选择的行。

工作经验小贴士

如果当前的工作表需要添加行内容，也可以插入行，选择行（需要添加几行就选择几行单元格）后单击鼠标右键，在弹出的快捷菜单中选择【插入】菜单选项即可。

6.2.2 插入列

在"员工通讯录"工作簿中可以插入一列内容，具体操作如下。

1 选择列	**2** 插入列
如果想在G列前添加一列内容，可以将光标移动到G列上，单击选中G列。	选择行后，单击鼠标右键，在弹出的快捷菜单中选择【插入】命令，即可插入一列。

工作经验小贴士

选择列后，单击【开始】选项卡【单元格】选项组中的【插入】右侧的下三角按钮，在弹出的下拉列表中选择【插入工作表列】命令也可以在选择的列前插入列。

工作经验小贴士

如果当前的工作表需要删除一列或多列内容，可以选择要删除的列，单击鼠标右键，在弹出的快捷菜单中选择【删除】菜单命令即可。

6.3 输入通讯录内容

 本节视频教学时间：31分钟

设置工作表后，接下来就可以输入员工通讯录的内容。首先还需要了解一下单元格的数据类型。

6.3.1 单元格的数据类型

单元格的数据类型很多，常用的主要有以下几种。

1. 常规格式

常规格式是不包含特定格式的数据格式，Excel中默认的数据格式即为常规格式。下图所示左列为常规格式的数据显示，中列为文本格式，右列为数值格式。

工作经验小贴士

按【Ctrl + Shift +~】组合键，可以应用"常规"格式。

2. 数值格式

数值格式主要用于设置小数点的位数。用数值表示金额时，还可以使用千位分隔符表示。

在选中的区域单击鼠标右键，在弹出的快捷菜单中选择【设置单元格格式】菜单选项，弹出【设置单元格格式】对话框，选择【数字】选项卡，在【分类】列表框中选择【数值】选项，在右侧设置【小数位数】为"1"，并单击选中【使用千位分隔符】复选框，单击【确定】按钮即可。

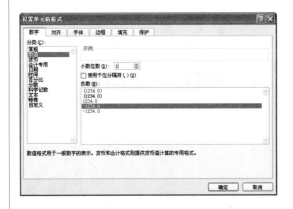

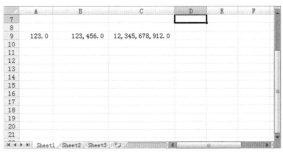

3. 货币格式

货币格式主要用于设置货币的形式，包括货币类型和小数位数。

在选中的区域单击鼠标右键，在弹出的快捷菜单中选择【设置单元格格式】菜单选项，弹出【设置单元格格式】对话框，选择【数字】选项卡，在【分类】列表框中选择【货币】选项，设置【小数位数】后，在【货币符号】右侧的【负数】区中选择"－¥1,234.0"。

工作经验小贴士

货币格式用于表示一般货币数值，会计格式可以对一列数值进行小数点对齐。

4. 会计专用格式

货币格式主要用于设置货币的形式，包括货币类型和小数位数。

会计专用格式也是用货币符号标示数字，货币符号包括人民币符号和美元符号等。它与货币格式不同的是，会计专用格式可以将一列数值中的货币符号和小数点对齐。

5. 时间与日期格式

在单元格中键入日期或时间时，系统会以默认的日期和时间格式显示，也可以用其他的日期和时间格式来显示数字。在【设置单元格格式】对话框中选择【数字】选项卡，在【分类】列表框中选择【日期】选项，在右侧的【类型】列表框中选择日期格式，然后在【分类】列表中选择【时间】选项，在右侧的【类别】列表框中选择时间格式。

6. 百分比格式

单元格中的数字显示为百分比格式有先设置后输入和先输入后设置两种情况。先设置单元格中的格式为百分比，系统会自动地在输入的数字上末尾加上"%"，显示的数字和输入的数字一致。

 工作经验小贴士

按【Ctrl + Shift + %】组合键，可以应用不带小数位的百分比格式。

 工作经验小贴士

如果不需要对分数进行运算，可以在单元格中输入分数之前，将单元格设置为文本格式。这样，键入的分数就不会减小或转换为小数。

7. 分数格式

使用"分数"格式，将以实际分数（而不是小数）的形式显示或键入数字。例如没有对单元格应用分数格式，输入分数"1/2"后，将显示为日期格式。要将它显示为分数，可以先应用分数格式，再输入相应的分数值。

8. 科学记数格式

在默认的工作表中，如果在一个单元格中输入的数字值较大时，将自动转换成科学记数格式，也可以直接设置成科学记数格式。

工作经验小贴士

按【Ctrl + Shift + ^】组合键，可以应用带两位小数的"科学记数"格式。

默认情况下，在单元格中输入以"0"开头的数字，"0"忽略不计。

9. 文本格式

文本格式包含字母、数字和符号等。在文本单元格格式中，数字作为文本处理，单元格显示的内容与输入的内容完全一致。如果输入"001"，默认情况下只显示"1"；若设置为文本格式，则可显示为"001"。

10. 自定义格式

如果以上所述格式不能满足需要，用户可以设置自定义格式。例如在输入学生基本信息时，学号前几位是相同的，对于这样的字符可以简化输入的过程，且能保持位数的一致。具体的操作步骤如下。

在选择的区域单击鼠标右键，在弹出的快捷菜单中选择【设置单元格格式】菜单项，弹出【设置单元格格式】对话框，选择【数字】选项卡，在【分类】列表框中选择【自定义】选项，在右侧的【类型】文本框中选择数据类型后，即可生成自定义的数字格式。

6.3.2 数据输入技巧

为了更熟练地在单元格中输入数据，除了了解数据类型外，还需要了解数据的输入技巧。

新建一个空白工作簿，在单元格中输入数据，某些输入的数据Excel会自动地根据数据的特征进行处理并显示出来。此处主要向用户介绍输入文本、数值、时间和日期以及导入外部数据的技巧。

1. 文本格式输入技巧

单元格中的文本包括汉字、英文字母、数字和符号等。每个单元格最多可包含32 767个字符。例如在单元格中输入"9号运动员"，Excel会将它显示为文本形式；若将"9"和"运动员"分别输入到不同的单元格中，Excel则会把"运动员"作为文本处理，而将"9"作为数值处理。

工作经验小贴士

要在单元格中输入文本，应先选择该单元格，输入文本后按【Enter】键，Excel会自动识别文本类型，并将文本对齐方式默认设置为"左对齐"。

如果单元格列宽容纳不下文本字符串，则可占用相邻的单元格，若相邻的单元格中已有数据，就截断显示。如果在单元格中输入的是多行数据，在换行处按【Alt+Enter】组合键，可以实现换行。换行后在一个单元格中将显示多行文本，行的高度也会自动增大。

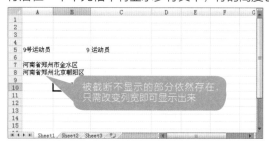

2. 数据输入技巧

数值型数据是Excel中使用最多的数据类型。

输入数值时，数值将显示在活动单元格和编辑栏中。单击编辑栏左侧的取消按钮可将输入但未确认的内容取消。如果要确认输入的内容，则可按【Enter】键或单击编辑栏左侧的输入按钮。

工作经验小贴士

数值型数据可以是整数、小数或科学记数（如6.09E+13）。在数值中可以出现的数学符号包括负号（－）、百分号（％）、指数符号（E）和美元符号（$）等。

在单元格中输入数值型数据的规则如下。

(1) 在单元格中输入数值型数据后按【Enter】键，Excel自动将数值的对齐方式设置为"右对齐"。

(2) 输入分数时，为了与日期型数据加以区分，需要在分数之前加一个零和一个空格。例如，在A3中输入"1/4"，则显示"1月4日"，在B3中输入"0 1/4"，则显示"1/4"，值为0.25。

(3) 如果输入以数字0开头的数字串，Excel将自动省略0，如果要保持输入内容不变，可以先输入"'"，再输入数字或字符。

(4) 若单元格容纳不下较长数字时，则用科学计数法显示该数据。

3. 时间和日期输入技巧

在工作表中输入日期或时间时，需要特定的格式进行定义。日期和时间也可以参加运算。Excel内置了一些日期与时间的格式。当输入的数据与这些格式相匹配时，Excel自动将它们识别为日期或时间数据。

(1) 输入日期

在输入日期时用左斜线或短线分隔日期的年、月、日。例如可以输入"2012/8/10"或者"2012-8-10"；如果要输入当前的日期，按【Ctrl＋；】组合键即可。

(2) 输入时间

输入时间时，小时、分、秒之间用冒号（:）作为分隔符。在输入时间时，如果按12小时制输入时间，需要在时间的后面空一格再输入字母am（上午）或pm（下午）。例如输入"10:00 pm"，按【Enter】键的时间结果是10:00 pm。如果要输入当前的时间，按【Ctrl＋Shift＋；】组合键即可。

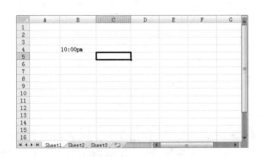 

> **工作经验小贴士**
>
> 日期和时间型数据在单元格中靠右对齐。如果Excel不能识别输入的日期或时间格式，输入的数据将被视为文本并在单元格中靠左对齐。特别需要注意的是，若单元格中首次输入的是日期，则单元格就自动格式化为日期格式，以后如果输入一个普通数值时，系统仍然会换算成日期显示。

6.3.3 输入数据

了解完单元格中的数值类型和输入技巧之后，接下来就可以向员工通讯录工作表中输入员工信息。

1 补充插入列名称

在前面的第6.2.2小节中，用户在G列前添加了一列，单击G5单元格，然后输入列名称"E-mail"。

2 输入制作人和时间

单击B3单元格，输入"梁晓"，按【Enter】键确认，在F3单元格中输入时间后效果如下图所示。

3 输入员工信息

在B6:B20单元格区域输入员工的姓名。

4 设置对齐方式

选择A3单元格，然后按【Ctrl】键，单击E3单元格并单击【居中】按钮，使其居中显示，效果如下图所示。

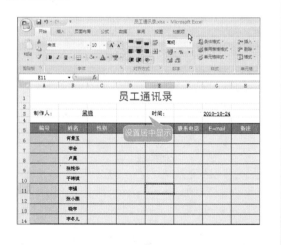

6.4 快速填充表格数据

本节视频教学时间：12分钟

员工的通讯录内容有一部分是一样的，为了节省时间和避免重复输入，可以使用快速填充功能将其快速填写完整。

使用快速填充之前，需要先填写一位员工的通讯录，然后以这位员工的部分通讯录为模板对其他员工进行填充。

1 输入该员工的通讯信息

依次单击C6:H6单元格，输入该员工的通讯信息，如下图所示。

2 调整表格显示

输入数据后，调整各列列宽，调整后效果如图所示。

6.4.1 使用填充柄填充表格数据

填充柄是位于当前活动单元格右下角的黑色方块，用鼠标拖动或者双击它可进行填充操作，该功能适用于填充相同数据或者序列数据信息。

使用填充功能将所有员工的"备注"信息设置为"全职"。

1 选择填充数据内容

单击H6单元格，将光标定位到H6单元格的右下角，此时可以看到光标变成✚形状。

2 填充数据

向下拖曳鼠标至需要填充的单元格后，松开鼠标完成数据填充。

工作经验小贴士

使用填充柄可以填充文本内容外，也可以填充数字序列及数据选择列表。在填充数据序列时，如果不是常用的数据序列，需要先对齐进行自定义。在填充数据选择列表时，需要先输入该数据列表，然后单击数据列表下方的单元格按【Alt+↓】组合键即可调用列表选项。如在单元格A1中输入"男"，在单元格A2中输入"女"，单击A3单元格后，按【Alt +↓】组合键后即可调出性别的选择列表，如右图所示。

6.4.2 使用填充命令填充表格数据

使用填充命令可快速将所有员工的"职务"设置为"职员"，方法如下。

1 选择填充数据区域

拖曳鼠标选择D6:D20单元格区域。

2 填充数据

在【开始】选项卡下单击【编辑】选项组中的【填充】按钮，在弹出的下拉列表中选择【向下】选项。填充后效果如下图所示。

 工作经验小贴士

使用填充命令填充数据时，不但可以向下填充，也可以选择向右、向上、向左填充。无论使用上述哪种方法填充，均可以实现向上、下、左、右4个方向的快速填充。

6.4.3 使用数值序列填充表格数据

使用数值序列填充命令填充可快速将所有员工的"编号"填充完成，方法如下。

1 选择【填充序列】选项

单击A6单元格，将光标定位到A6单元格的右下角，此时可以看到光标变成╋形状。向下拖曳鼠标到A20，单击弹出的填充按钮，在下拉列表中选择【填充序列】选项。

2 填入表格中的其他数据

此时可看到编号已被填充。然后将其他员工的信息填入到表格中，效果如下图所示。

6.5 复制与移动单元格区域

 本节视频教学时间：9分钟

员工通讯录工作表中有些数据内容，可以直接使用复制与移动单元格区域内容完成。

6.5.1 利用鼠标复制与移动单元格区域

使用鼠标复制与移动单元格区域是编辑工作表最快捷的方法。

1 选择单元格区域

选择E7:E8单元格，将鼠标指针移动到所选区域的边框线上，指针变成形状。

5	编号	姓名	性别	职务	所在部门	联系电话
6	1	何景玉	男	职员	人事部	13000000000
7	2	李会	女	职员	财务部	15000000001
8	3	卢昊	男	职员	财务部	13100000002
9	4	张艳华	女	职员	人事部	13200000005
10	5	于瑞祺	女	职员		0007
11	6	李强	男	职员		0008
12	7	张小燕	女	职员	财务部	13100000000
13	8	晓宇	男	职员	人事部	13000000008
14	9	李冬儿	女	职员	人事部	13200000009
15	10	祖欣	女	职员	销售部	15000000005
16	11	刘慧慧	女	职员	财务部	13000000009
17	12	吕晓心	男	职员	人事部	15000000002

鼠标指针变为形状

就绪 Sheet1 Sheet2 Sheet3

2 复制单元格内容

按住【Ctrl】键不放，当鼠标指针箭头右上角出现"+"时，拖动到单元格区域E11:E12，即将单元格区域E7:E8复制到新的位置。

6	1	何景玉	男	职员	人事部	13000000000
7	2	李会	女	职员	财务部	15000000001
8	3	卢昊	男	职员		002
9	4	张艳华	女	职员		005
10	5	于瑞祺	女	职员		15000000007
11	6	李强	男	职员	销售部	13200000008
12	7	张小燕	女	职员	财务部	13100000000
13	8	晓宇	男	职员	人事部	13000000008
14	9	李冬儿	女	职员	人事部	13200000009
15	10	祖欣	女	职员	销售部	15000000005
16	11	刘慧慧	女	职员	财务部	13000000009
17	12	吕晓心	男	职员	人事部	15000000002

拖曳鼠标复制单元格内容 E11:E12

Sheet1 Sheet2 Sheet3
拖动鼠标可以复制单元格内容，使用 Alt 键可以切换工作表

工作经验小贴士

如果需要移动单元格区域内容，在拖曳鼠标时不按【Ctrl】键即可实现单元格区域的移动操作。

6.5.2 利用剪贴板复制与移动单元格区域

利用剪贴板复制与移动单元格区域是编辑工作表常用的方法之一。可以使用剪贴板复制员工通讯录单元格或单元格区域。

1 复制单元格区域

选择单元格区域E6:E8，并按【Ctrl+C】组合键进行复制，选择目标位置E14:E16，按【Ctrl+V】（粘贴）组合键，单元格区域即被复制到单元格区域E14:E16中。按【ESC】键取消复制命令。

9	4	张艳华	女	职员	人事部	13200000005
10	5	于瑞祺	女	职员	销售部	15000000007
11	6	李强	男	职员	销售部	13200000008
12	7	张小燕	女	职员		00000000
13	8	晓宇	男	职员	人事部	13000000008
14	9	李冬儿	女	职员	人事部	13200000009
15	10	祖欣	女	职员	财务部	15000000005
16	11	刘慧慧	女	职员	财务部	13000000009
17	12	吕晓心	男	职员	人事部	15000000002
18	13	董辉	男	职员	销售部	13500000000
19	14	张淋	女	职员	财务部	13600000000
20	15	乔姚姚	女	职员	人事部	13300000000

使用组合键复制内容

Sheet1 Sheet2 Sheet3
选择目标区域，然后按 ENTER 或选择"粘贴"

2 移动单元格内容

选择E7单元格，然后按【Ctrl+X】组合键剪切，选择单元格E10单元格，按【Ctrl+V】组合键粘贴。再在E7单元格中输入"财务部"文本按【Enter】键，即可恢复到原来的背景色。

5	编号	姓名	性别	职务	所在部门	联系电话
6	1	何景玉	男	职员	人事部	13000000000
7	2	李会	女	职员	财务部	15000000001
8	3	卢昊	男	职员	财务部	13100000002
9	4	张艳华	女	职员	人事部	13200000005
10	5	于瑞祺	女	职员	财务部	15000000007
11	6	李强	男	职员	销售部	13200000008
12	7	张小燕	女	职员	财务部	13100000000
13	8	晓宇	男	职员	财务部	13000000008
14	9	李冬儿	女	职员	人事部	13200000009
15	10	祖欣	女	职员	财务部	15000000005
16	11	刘慧慧	女	职员	财务部	13000000009
17	12	吕晓心	男	职员	人事部	15000000002

6.6 查找与替换

本节视频教学时间：5分钟

使用查找与替换功能可以在工作表中快速定位用户要找的信息，并且可以有选择地用其他值代替。在员工通讯录中使用查找和替换功能的操作如下。

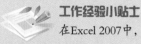
工作经验小贴士

在Excel 2007中，用户可以在一个工作表或多个工作表中进行查找与替换。

---

1. 在员工通讯录中查找数据

一般来说，【查找】功能用于在篇幅较长、内容烦琐的工作表快速准确地定位用户指定的数据位置。

1 调用【查找】命令	**2** 输入查找内容
将光标定位在"员工通讯录"工作表中，在【开始】选项卡中，单击【编辑】选项组中的【查找和替换】按钮，在弹出的下拉列表选择【查找】选项。	弹出【查找和替换】对话框，在【查找】文本搜索框中输入查找内容"财务部"，单击【查找下一个】按钮即可开始查找数据。

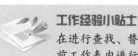
工作经验小贴士

在进行查找、替换操作之前，应该先选定一个搜索区域。如果只选定一个单元格，则仅在当前工作表内进行搜索；如果选定一个单元格区域，则只在该区域内进行搜索；如果选定多个工作表，则在多个工作表中进行搜索。

将光标定位到"员工通讯录"工作表中，然后按【Ctrl+F】组合键，同样可以调用【查找和替换】对话框。单击【查找和替换】对话框中的【选项】按钮，可以设置查找的格式、范围、查找的方式（按行或按列）等。

2. 在员工通讯录中替换数据

如果要将查找的内容替换为其他文字时，可以使用【替换】功能。这里将"员工通讯录"的"所在部门"中所有的"企划部"替换为"人事部"。

工作经验小贴士

在进行查找和替换时，如果不能确定完整的搜索信息，可以使用通配符"？"和"*"来代替不能确定的部分信息。"？"代表一个字符，"*"代表一个或多个字符。

1 调用【替换】命令

将光标定位在"员工通讯录"工作表中，在【开始】选项卡中，单击【编辑】选项组中的【查找和替换】按钮，在弹出的下拉列表选择【替换】选项。

2 输入替换内容

弹出【查找和替换】对话框，单击【替换】选项卡，在【查找内容】文本框中输入查找内容"企划部"，在【替换】文本框中输入替换内容"人事部"，单击【替换】按钮即可开始替换数据，也可以直接单击【全部替换】按钮全部替换。替换后，弹出【Microsoft Excel】提示对话框，提示用户共进行了多少处替换，单击【确定】按钮即可。

6.7 撤消与恢复

本节视频教学时间：4分钟

撤消可以取消刚刚完成的一步或多步操作，恢复则是取消刚刚完成的一步或多步撤消操作。

1 撤消

在进行输入、删除和更改等单元格操作时，Excel 2007会自动记录下最新的操作和刚执行过的命令。当不小心错误编辑了表格中的数据时，可以利用【撤消】按钮恢复上一步操作。

工作经验小贴士

默认情况下，Excel中的多级撤消功能可以撤消最近的16步编辑操作。但有些操作，比如存盘设置选项或删除文件则是不可撤消的。因此在执行文件的删除操作时要小心，以免破坏辛苦工作的成果。

2 恢复

在经过撤消操作后，【撤消】按钮右边的【恢复】将被置亮，表明可以用【恢复】按钮来恢复已被撤消的操作。

未进行操作之前，【撤消】按钮和【恢复】按钮是灰色不可用状态。

举一反三

在制作员工通讯录的过程中，我们学会了如何编辑表格、输入表格内容、快速填充表格数据、复制与移动单元格数据、查找与替换以及撤销与恢复等。通过本章的学习，我们不仅可以快速地制作员工通讯录，还可以制作成绩汇总表、销售报表等。

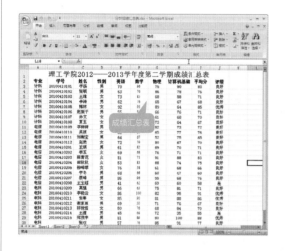

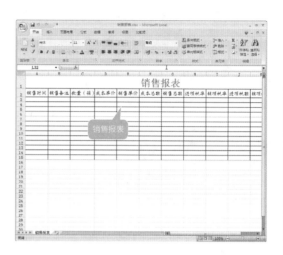

 高手私房菜

技巧：快速输入特殊符号

在使用Excel输入数据时，经常需要输入各种符号，有些符号可以直接利用键盘输入，但是有些符号需要在【特殊符号】对话框中插入。

1 打开【插入特殊符号】对话框

在【插入】选项卡中，单击【文本】选项组中的【符号】按钮，在弹出的下拉列表中选择【更多】选项，弹出【插入特殊符号】对话框。

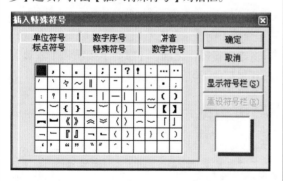

2 打开【符号】对话框

在【插入】选项卡中，单击【文本】选项组中的【符号】按钮，弹出【符号】对话框。在【字体】下拉列表中，选择【Wingdings】，即可显示出特殊的符号，选择符号后单击【插入】按钮即可。

第 7 章

丰富 Excel 的内容
——制作公司订单流程图

 本章视频教学时间：47 分钟

在Excel 2007中插入艺术字和SmartArt图形，可以使文档看起来更加美观。

【学习目标】

通过本章的学习，可以掌握插入艺术字、图片和 SmartArt 图形的方法。

【本章涉及知识点】

插入与设置艺术字

使用 SmartArt 图形

插入图片

设置图片

7.1 订单处理流程图的必备要素

本节视频教学时间：4分钟

要制作订单处理流程图需要以下必备的要素。

(1) 架构订单处理的过程。

(2) 添加流程图标题。

(3) 绘制流程图。

(4) 添加流程图说明。

(5) 添加图片。

(6) 美化流程图。

制作订单处理流程图首先需要新建一个 Excel 工作薄，并将其另存为"订单处理流程图 .xlsx"。

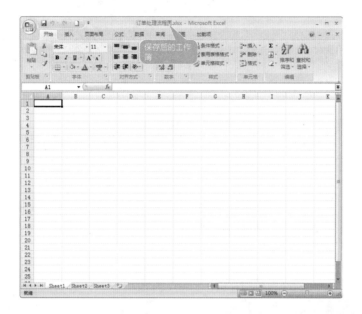

7.2 插入并设置系统提供的形状

本节视频教学时间：7分钟

利用Excel 2007系统提供的形状，可以绘制出各种形状。

7.2.1 Excel支持的插图格式

Excel 2007支持的图形格式有：位图文件格式BMP、PNG、JPG和GIF；矢量图文件格式CGM、WMF、DRW和EPS等。

7.2.2 插入形状

Excel 2007 中内置了 8 大类近 170 种图形，分别为线条、矩形、基本形状、箭头总汇、公式形状、流程图、星与旗帜和标注，用户可以根据需要从中选择适当的图形。

1 选择【形状】按钮

在【插入】选项卡中，单击【插图】选项组中的【形状】按钮，弹出形状快捷下拉列表，选择要插入的形状。

2 绘制形状

选择形状后，在工作表中单击并拖动鼠标即可绘制出相应图形。

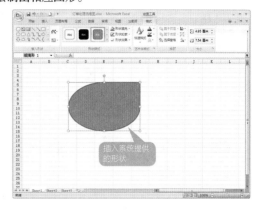

7.2.3 在形状中插入文字

插入形状后还可以在形状中插入文字。

1 选择【编辑文字】菜单选项

右击形状，在弹出的快捷菜单中选择【编辑文字】菜单选项，形状中会出现输入鼠标光标。

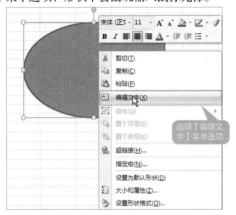

2 完成文字输入

在鼠标光标处输入文字即可。

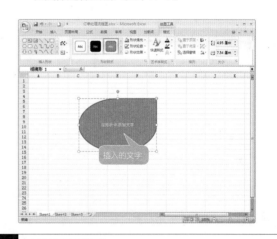

3 设置字体、字号

在【开始】选项卡下的【字体】选项组中可以设置插入文字的字体和字号。

4 设置艺术字样式

在【格式】选项卡下的【艺术字样式】选项组中可以设置插字体的艺术字样式。

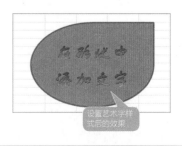

7.2.4 设置形状效果

插入形状后还可以设置其形状效果。

1 使用【格式】选项卡设置

如果要改变形状的样式，首先要选择形状，然后在【格式】选项卡的【形状样式】组中，单击快速样式列表中的样式，即可更改形状。

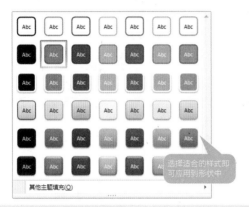

2 使用【设置形状格式】对话框设置

也可以单击【形状样式】组右下角的 按钮，弹出【设置形状格式】对话框，在其中进行相应的设置即可。

工作经验小贴士

在制作公司订单流程图的过程中，不需要绘制系统提供的形状，所以在正式制作订单流程图前，可以选择插入的形状，在键盘上按【Delete】键将其删除。

7.3 插入艺术字

本节视频教学时间：9分钟

在工作表中可以使用艺术字、图形、文本框和其他对象。艺术字是一个文字样式库，可以将艺术字添加到Excel文档中，制作出装饰性效果。

7.3.1 添加艺术字

下面首先在"订单处理流程图.xlsx"工作簿中添加"订单处理流程图"艺术字。

1 打开【艺术字】下拉列表

在 Excel 工作表的【插入】选项卡中，单击【文本】选项组中的【艺术字】按钮 艺术字，弹出【艺术字】下拉列表，选择插入的艺术字样式。

2 插入【艺术字】文本框

选择后，即可在工作表中插入艺术字文本框。

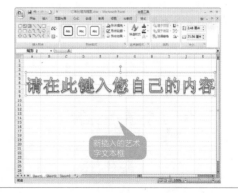

3 输入文字

将鼠标光标定位在工作表的艺术字文本框中，删除预定的文字，输入"订单处理流程图"。

4 完成输入

单击文本框，当鼠标光标变为十字的箭头时，按住鼠标左键拖曳文本框至合适的位置处，松开鼠标左键。单击工作表中的任意位置，即可完成艺术字的输入。

7.3.2 设置艺术字的格式

在工作表中插入艺术字后，还可以设置艺术字的字体、字号以及样式等。

1. 修改艺术字文本

如果插入的艺术字有错误，只要单击艺术字内部，即可进入字符编辑状态。

按【Delete】键删除错误的字符，然后输入正确的字符即可。

2. 设置艺术字字体与字号

设置艺术字字体与字号和设置普通文本的一样。

1 设置字体

选择需要设置字体的艺术字，在【开始】选项卡中，单击【字体】选项组中的【字体】按钮，在其下拉列表中选择一种字体即可。

2 设置字号

选择需要设置字体的艺术字，在【开始】选项卡下的【字体】选项组中单击【字号】按钮，在其下拉列表中选择一种字号，即可改变艺术字的字号。

3. 设置艺术字样式

在输入艺术字时将会打开【绘图工具】▶【格式】选项卡，在【格式】选项卡下包含有【插入形状】、【形状样式】、【艺术字样式】、【排列】和【大小】等5个选项组，在【艺术字样式】选项组中可以设置艺术字的样式。

---

1 重新设置艺术字样式

选择艺术字，在【格式】选项卡中，单击【艺术字样式】选项组中的【快速样式】按钮，在弹出的下拉列表中选择需要的样式即可。

工作经验小贴士

在【快速样式】下拉列表中选择【清除艺术字】选项即可清除艺术字的所有样式，但会保留艺术字文本以及字体和字号的设置。

2 设置文本填充

选择艺术字，单击【艺术字样式】选项组中的【文本填充】按钮 A · 的下拉按钮，在下拉列表中单击"紫色"。

工作经验小贴士

除了使用纯色填充文本外，还可以在渐变和纹理下拉列表中选择要进行文本填充的渐变颜色和纹理，或者选择【图片】选项，选择图片进行填充。

---

3 设置文本轮廓

单击【艺术字样式】选项组中的【文本轮廓】按钮 ✎ · ，在弹出的下拉列表中选择需要的样式即可（这里选择"黑色"）。

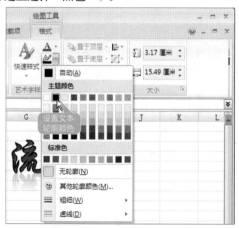

工作经验小贴士

还可以设置文本轮廓线的粗细及虚实线等。

4 设置文字效果

单击【艺术字样式】选项组中的【文字效果】按钮 A · 的下拉按钮，可以自定义文字效果。下图为选择【转换】▶【双波形1】的效果。

工作经验小贴士

包含有阴影、映像、发光、棱台、三位旋转和转换等6类效果，根据预览选择喜欢的文字效果。

4. 设置艺术字形状样式

在【绘图工具】▶【格式】选项卡下的【形状样式】选项组，可以设置艺术字的形状样式。

1 设置快速填充

选择艺术字，在【格式】选项卡中，单击【形状样式】选项组中的【其他】按钮，在弹出的下拉列表中选择需要的样式即可。

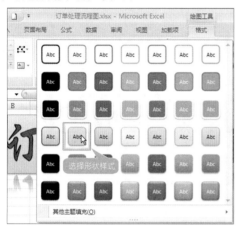

2 设置形状填充

选择艺术字，单击【形状样式】选项组中的【形状填充】按钮 🖫形状填充 ▾，在下拉列表中选择【纹理】▶【软木塞】选项。

3 设置形状轮廓

单击【形状样式】选项组中的【形状轮廓】按钮 🖫形状轮廓 ▾，在弹出的下拉列表中选择需要的样式即可（这里选择"紫色"）。

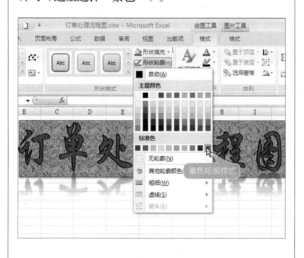

4 设置形状效果

单击【形状样式】选项组中的【形状效果】按钮的下拉按钮 🖫形状效果 ▾，选择【三维旋转】▶【适度宽松透视】的效果。

工作经验小贴士

设置艺术字样式和艺术字的形状样式大致方法是相同的，但是它们却是两个不同的操作。设置艺术字样式可以对单个艺术字文本进行设置，而设置艺术字的形状样式是将艺术字文本框及内容作为一个整体进行设置。

5. 设置艺术字文本框大小

可以通过两种方式来设置艺术字文本框的大小。

1 拖动控制柄设置大小	**2** 使用【大小】选项组设置
单击艺术字，在艺术字文本框上会出现8个控制点，拖动4个角上的控制点，可以等比例缩放其大小；拖动4条边上的控制点，可以在横向或者纵向上拉伸或压缩艺术字文本框的大小。	选择艺术字，在【格式】选项卡下的【大小】选项组中通过改变【形状高度】和【形状宽度】2个微调框中的数值来改变艺术字文本框的大小。

7.4 使用SmartArt图形和形状

🎬 本节视频教学时间：16分钟

SmartArt图形是数据信息的艺术表示形式，可以在多种不同的布局中创建SmartArt图形。SmartArt图形用于向文本和数据添加颜色、形状和强调效果。在Excel 2007中创建SmartArt图形非常方便。下面就来学习使用SmartArt图形来创建订单处理流程图。

7.4.1 SmartArt图形的作用和种类

在使用SmartArt图形制作公司订单处理流程图之前，先来了解一下SmartArt图形的作用和种类。

1. SmartArt图形的作用

SmartArt图形主要应用在以下场合。

(1) 创建组织结构图（如右图）。

(2) 显示层次结构。

(3) 演示工作流程中的各个步骤或阶段（如下方左图）。

(4) 显示过程、程序或其他事件流。

(5) 列表信息。

(6) 显示循环信息或重复信息。

(7) 显示各部分之间的关系，如重叠概念。

(8) 创建矩阵图。

(9) 显示棱锥图中的比例信息或分层信息（如下方右图）。

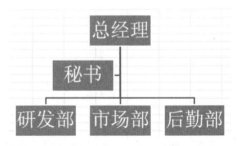

2. SmartArt图形的种类

Excel 2007提供有7大类100多种SmartArt图形布局形式，单击【插入】选项卡下【插图】选项组中的【SmartArt】按钮，即可打开【选择SmartArt图形】对话框。

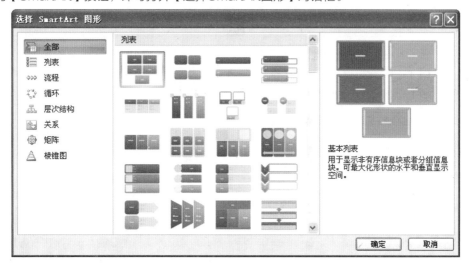

(1) 列表

使用SmartArt图形的【列表】类型，可以使项目符号文字更直观、更具影响力，可以为文字着色、设定其尺寸，以及使用视觉效果或动画强调的形状。【列表】布局可用于对不遵循分步或有序流程的信息进行分组。

(2) 流程

【流程】类型中的布局通常包含一个方向流，用来对流程或者工作流中的步骤或阶段进行图解。如果希望显示如何按部就班地完成步骤或阶段任务来产生某一结果，可以使用【流程】布局。【流程】布局可用来显示垂直步骤、水平步骤或蛇形组合中的流程。

(3) 循环

【循环】类型中的布局通常用来对循环流程或重复性流程进行图解。可以使用【循环】布局显示产品或动物的生命周期、教学周期、重复性或正在进行的流程，或者某个员工的年度目标制定和业绩审查周期等。

(4) 层次结构

【层次结构】类型中最常用的布局就是公司组织结构图。另外，【层次结构】布局还可用于显示决策树或产品系列。

(5) 关系

【关系】类型中的布局用于显示各部分之间非渐进、非层次的关系，并且通常说明两组或者更多组事物之间的概念关系或联系。

(6) 矩阵

【矩阵】类型中的布局通常对信息进行分类，并且是二维布局，用来显示各部分与整体或与中心概念之间的关系。如果要传达4个或更少的要点以及大量的文字，【矩阵】布局是一个不错的选择。

(7) 棱锥图

【棱锥图】类型中的布局通常用于显示向上发展的比例关系或层次关系。【棱锥图】布局最适合需要自上而下或自下而上显示的信息。

7.4.2 创建组织结构图

在创建SmartArt图形之前，应首先确定需要通过SmartArt图形表达什么信息，以及希望信息以哪种特定的方式显示。

1 选择【组织结构图】选项

在【插入】选项卡中，单击【插图】选项组中的【SmartArt】按钮，弹出【选择SmartArt图形】对话框，从中选择【流程】选项。

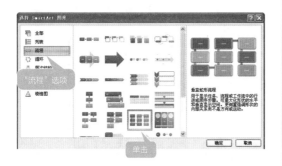

2 插入选择的图形样式

在中间的列表中选择"垂直蛇形流程"选项，单击【确定】按钮。此时，即可在工作表中插入SmartArt图形。

3 输入内容

左侧显示的是【文本】窗格，通过【文本】窗格，可以输入和编辑SmartArt图形中显示的文字。在【文本】窗格中添加和编辑内容时，SmartArt图形会自动更新。在左侧的【文本】窗格中输入如图所示的文字。

4 添加形状

如果需要添加更多的步骤，选中需要添加的流程步骤，单击【设计】选项卡【创建图形】选项组中的【添加形状】下拉箭头，在弹出的下拉列表中进行选择即可。这里在最后一个图形中选择【在后面添加形状】选项来添加新的形状。

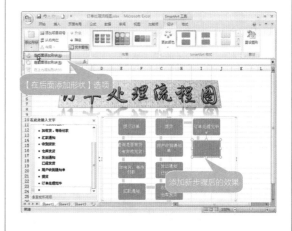

 工作经验小贴士

添加文字完成之后，只需要在Excel表格的空白位置处单击，即可取消【文本】窗格的显示，完成文字的输入，需要修改文本时，只要单击SmartArt图形即可重新显示【文本】窗格。

工作经验小贴士

在添加形状时，可以在所选择的形状的前面添加新的形状，也可以在其后添加新的形状。还可以通过单击【上移所选内容】和【下移所选内容】按钮来移送所选内容的位置。

5 删除形状

选择要删除的形状，在键盘上按【Delete】键，就可以将多余的形状进行删除。

6 改变SmartArt图形的位置

将鼠标光标定位在SmareArt图形的边框上，当鼠标光标变为双向的十字箭头形状时，按住鼠标左键，拖曳鼠标光标至合适的位置处，松开鼠标左键，就可以改变SmartArt图形的位置。

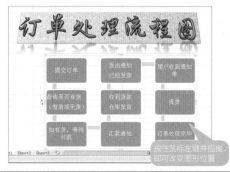

7 设置效果

在【设计】选项卡的【SmartArt样式】选项组中，单击右侧的【其他】按钮 ，在弹出的下拉列表中选择【三维】组中的【优雅】类型样式。

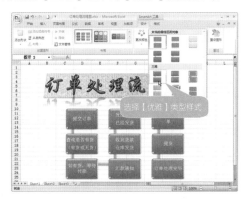

8 更改颜色

在【设计】选项卡的【SmartArt样式】选项组中，单击【更改颜色】按钮 ，在弹出的颜色列表中选择【强调文字颜色2】选项组中的"透明渐变范围–强调文字颜色2"选项。

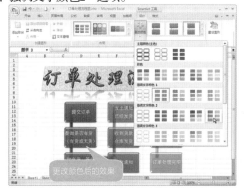

9 设置艺术字样式

选择图形框，在【格式】选项卡的【艺术字样式】选项组中，单击右侧的【其他】按钮 ，在弹出的下拉列表中一种艺术字样式，就可以改变图形中文字的样式。

10 设置形状样式

选择图形框，在【格式】选项卡的【形状样式】选项组中，单击【形状填充】按钮 形状填充 ，在弹出的下拉列表中选择【纹理】下的【栎木】选项，改变图形样式。

7.4.3 更改SmartArt图形布局

可以通过改变SmartArt的布局来改变外观，以使图形更能体现出层次结构。

1 打开布局列表

单击【设计】选项卡【布局】选项组中的【其他】按钮，弹出布局列表。

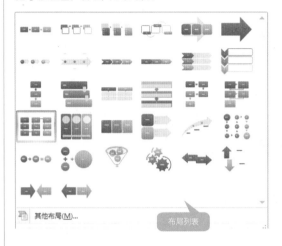

布局列表

2 应用新布局

在打开的列表中选择需要【基本蛇形流程】布局样式，就可以更改SmartArt图形的布局。

【基本蛇形流程】布局

7.4.4 更改形状样式

在订单流程图中，可以将流程开始"提交订单"的形状和结束"订单处理完毕"的形状设置为椭圆，与其他进行区别。

1 选择形状

选择"提交订单"形状，单击【格式】选项卡下【形状】选项组中的【更改形状】按钮，在弹出的下拉列表中选择【椭圆】选项。

选择【椭圆】选项

2 完成设置

即可将"提交订单"形状改变为椭圆，使用同样的方法将"订单处理完毕"形状也更改为"椭圆"形状。

更改后的形状

7.4.5　调整SmartArt图形的大小

SmartArt图形作为一个对象，可以方便地调整大小。

1 拖动边框调整大小

选择SmartArt图形后，其周围会出现一个边框，将鼠标指针移动到边框上，当指针变为双向箭头时，拖曳鼠标即可调整大小。

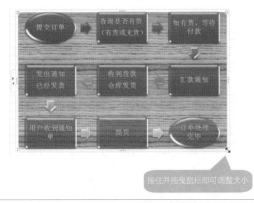

按住并拖曳鼠标即可调整大小

2 精确调整形状的大小

在对形状的大小要求比较严格的情况下，可以利用选项卡调整。选择SmartArt图形，单击SmartArt工具的【格式】选项卡中的【大小】按钮，在打开面板的【高度】文本框或【宽度】文本框中输入具体的尺寸，按【Enter】键确定，即可对SmartArt图形进行精确的大小调整。

输入高度或宽度设置大小

7.5　使用图片

本节视频教学时间：11分钟

在制作好公司订单流程图之后，需要在制作的流程图中插入网购公司标志，在插入公司标志图片后，对图片进行简单的设置，使图片与整体订单处理流程图相呼应。

7.5.1　插入图片

首先来看一下如何在订单处理流程图文件中插入公司标志图片。

1 选择图片

将鼠标光标定位在需要插入图片的位置。在【插入】选项卡中，单击【插图】选项组中的【图片】按钮，弹出【插入图片】对话框，在【查找范围】列表框中选择图片的存放位置，选择要插入的图片，然后单击【插入】按钮。

选择图片

单击

2 插入图片插入

就可在Excel工作表中插入图片。并在功能区会出现【图片工具】➤【格式】选项卡，拖曳图片，还可以改变图片的位置。

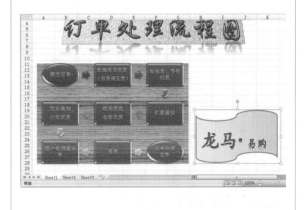

7.5.2 快速应用图片样式

为了采用一种快捷的方式美化图片，可以使用【图片样式】选项组中的28种预设样式，这些预设样式包括旋转、阴影、边框和形状的多种组合等。

1 打开【快速样式】下拉列表

选择插入的图片，在【格式】选项卡中，单击【图片样式】选项组中的 按钮，弹出【快速样式】下拉列表。

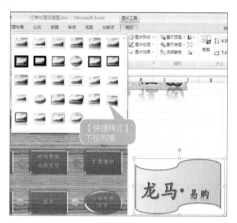

2 选择样式

鼠标指针在28种内置样式上经过，可以看到图片样式会随之发生改变，确定一种合适的样式，然后单击即可应用该样式。

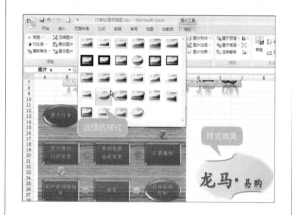

7.5.3 调整图片大小和裁剪图片

可以调整图片的大小，使其与整体更协调。

1 使用选项卡精确调整图片大小

选择插入的图片，在【格式】选项卡【大小】选项组中的【形状高度】或【形状宽度】微调按钮框中输入或选择需要的高度或者宽度，即可改变图片的大小。这里设置其【高度】值为"4.06厘米"，其【宽度】值会随之改变。

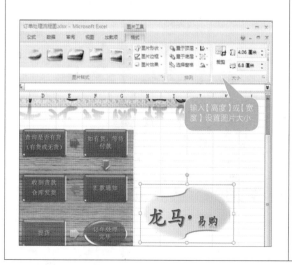

2 使用裁剪控制柄裁剪图片

选择插入的图片，在【格式】选项卡中，单击【大小】选项组中的【裁剪】按钮 ，随即在图片的周围会出现8个裁剪控制柄。拖动这8个裁剪控制柄，即可进行图片的裁剪操作。图片裁剪完毕，再次单击【裁剪】按钮 ，即可退出裁剪模式。

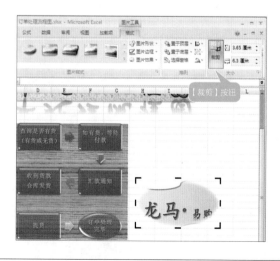

在【格式】选项卡中，单击【大小】选项组中【裁剪】按钮的下拉箭头，即可弹出裁剪选项的菜单。单击【裁剪】选项即可对图片进行裁剪操作，下面介绍其他选项的作用。

1 裁剪为形状

自动根据选择的形状进行裁剪。下图是选择形状后，系统自动裁剪的效果。

2 纵横比

根据选择的宽、高比例进行裁剪。下图是选择比例为3:4的效果。

3 填充

调整图片的大小，以便填充整个图片区域，同时保持原始图片的纵横比，图片区域外的部分将被裁剪掉。

4 调整

调整图片，以便在图片区域中尽可能多地显示整个图片。

7.5.4 缩小图片文件的大小

向工作表中导入图片时，文件的大小会显著增加。为了减小工作表，可以缩小图片文件的大小。

1 打开【压缩图片】对话框

选择插入的图片，在【格式】选项卡中，单击【调整】选项组中的【压缩图片】按钮，弹出【压缩图片】对话框，单击选中【仅应用于所选图片】复选框，单击【选项】按钮。

2 设置选项

单击选中【仅应用于所选图片】复选框，不会对其他图片进行压缩操作。单击选中【删除图片的裁剪区域】复选框，即使【重设图片】也不能还原。在【目标输出】栏中有3个单选按钮，默认Excel压缩图片到适于打印的220ppi，可以通过选择其余3个单选按钮来更改输出。设置完成单击【确定】按钮。

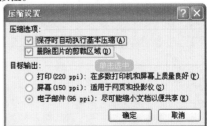

7.5.5 调整图片的显示

可以通过【格式】选项卡【调整】选项组中的按钮，来设置图片的显示效果。

1 调整亮度

选择插入的图片，单击【格式】选项卡【调整】选项组中的【亮度】按钮，从弹出的列表中可以设置图片亮度。

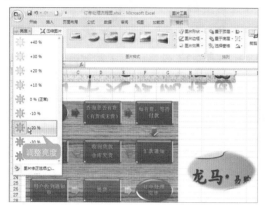

2 调整对比度

选择插入的图片，单击【格式】选项卡【调整】选项组中的【对比度】按钮，从弹出的列表中可以设置图片的对比度。

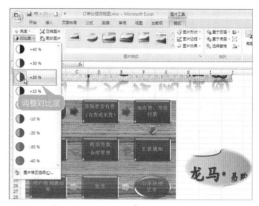

3 重新着色

选择插入的图片，单击【格式】选项卡【调整】选项组中的【重新着色】按钮，从弹出的列表中可以为图片设置其他颜色。

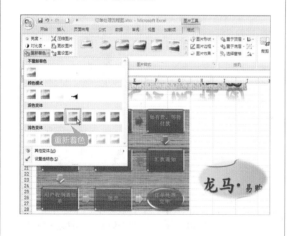

4 使用对话框设置

单击【格式】选项卡【图片样式】选项组右下角的 按钮，弹出【设置图片格式】对话框，选择左侧相应的列表项，在右侧的窗口中即可进行更详细的设置。

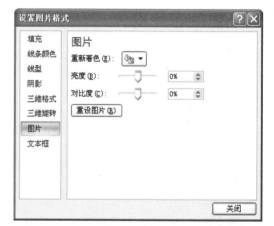

7.5.6 设置边框和图片效果

可以通过【图片样式】选项组中的按钮，为图片添加边框和效果。

工作经验小贴士

如果想对图片效果进行更多的控制，可以在多数效果的下拉菜单中找到进一步设置的选项。单击这个选项时，出现【设置图片格式】对话框，提供对填充、线条颜色、线型、阴影、三维格式和三维旋转的完全控制。

1 添加边框

在【格式】选项卡中，单击【图片样式】选项组中的【图片边框】按钮，在其列表中可以为图像的设置一个边框效果。

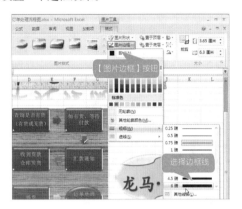

2 添加效果

如果想为图片添加更多的效果，可以单击【图片样式】选项组中的【图片效果】按钮，在弹出的下拉菜单中选择相应的菜单选项。

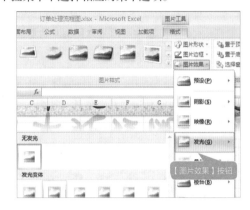

7.5.7　设置背景图片

制作完流程图之后，还可以为Excel工作表添加背景图片。

1 打开【工作表背景】对话框

单击【页面布局】选项卡下【页面设置】选项组中的【背景】按钮，打开【工作表背景】对话框，选择要插入的图片，单击【插入】按钮。

2 插入背景图片

将图片插入Excel工作表，并将其设置为背景。最后，单击【快速访问工具栏】中的【保存】按钮完成文件保存。

举一反三

公司订单处理流程图主要包含有艺术字的流程图名称、流程图图形、公司Logo及背景图片。在实际工作中还可以根据情况插入其他元素。此外，类似的工作表还有任务顺序流程图、人力资源招聘流程图、公司组织结构图、业绩审查周期循环图、社会人际关系图、产品系列层次图等。

高手私房菜

技巧：在Excel工作表中插入Flash动画

在Excel工作表中可以插入Flash动画。

1 添加【开发工具】对话框

打开【Excel】选项对话框，选择【常用】选项，勾选【在功能区显示"开发工具"选项卡】复选框，将【开发工具】选项卡添加到选项卡中。

2 选择【其他控件】选项

在【控件】选项组中单击【插入】按钮，在下拉列表中单击【其他控件】按钮。

3 选择【Shockwave Flash Object】

在弹出的对话框中选择【Shockwave Flash Object】控件，然后单击【确定】按钮。

4 拖出控件

在工作表中单击并拖出Flash控件。

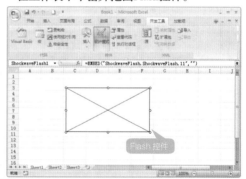

5 设置属性

在Flash控件上单击鼠标右键，在弹出的快捷菜单中选择【属性】菜单选项，打开【属性】对话框，从中设置【Movie】属性为Flash文件的路径和文件名，【EmbedMovie】属性为"True"。

6 完成插入

单击【控件】选项组中的【设计模式】按钮，退出设计模式，完成Flash文件的插入。

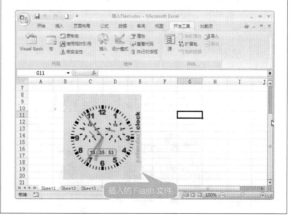

第8章

函数的应用
——设计薪资管理系统

 本章视频教学时间：1 小时 42 分钟

函数是Excel中的重头戏，大部分的数据自动化处理都需要使用函数。Excel 2007中提供大量、实用的函数，用好函数是在Excel中高效、便捷处理数据的保证。

【学习目标】

通过本章的学习，可以掌握调用函数的方法、各类函数的作用以及使用方法。

【本章涉及知识点】

认识函数的组成和分类

认识函数的作用

调用函数的方法

了解其他函数

8.1 薪资管理系统的必备要素

 本节视频教学时间：3分钟

人事部门需要对企业员工的薪资进行管理，薪资管理需要对大量的数据进行统计汇总，工作量非常繁杂。在设计薪资管理系统时，应该建立员工出勤管理表、业绩表、年度考核表以及薪资系统表等。所有的表中应该分类将员工的所有基本信息以及应得薪资和应扣除的薪资标明清楚，比如，根据销售额计算奖金、基本工资、工龄工资等，扣除类的比如迟到扣除金额、纳税扣除以及保险扣除等。需要注意的是在标注员工基本信息时应保证每个表格中的员工编号应该一致。最后通过函数的调用来进行薪资的计算。

使用Excel 2007制作的薪资管理系统适合于中小型企业或者大型企业部门间的薪资管理。制作薪资管理系统首先需要了解Excel 2007的函数。

8.2 认识函数

 本节视频教学时间：7分钟

Excel函数是一些已经定义好的公式，通过参数接受数据并返回结果。大多数情况下函数返回的是计算的结果，也可以返回文本、引用、逻辑值、数组或者工作表的信息。Excel内置有12大类近400余种函数，用户可以直接调用。

8.2.1 函数的概念

Excel中所提到的函数其实是一些预定义的公式，它们使用一些被称为参数的特定数值，按特定的顺序或结构进行计算。每个函数描述都包括一个语法行，它是一种特殊的公式，所有的函数必须以等号 "=" 开始，它是预定义的内置公式，必须按语法的特定顺序进行计算。

【插入函数】对话框为用户提供了一个使用半自动方式输入函数及其参数的方法。使用【插入函数】对话框，可以保证正确的函数拼写以及确切的参数个数。

1 打开【插入函数】对话框

打开【插入函数】对话框的方法有以下3种。

(1) 在【公式】选项卡中，单击【函数库】选项组中的【插入函数】按钮。

(2) 单击编辑栏中的 fx 按钮。

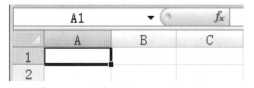

(3) 按【Shift+F3】组合键。

2 选择函数类别

如果要使用内置函数，【插入函数】对话框中有一个【或选择类别】的下拉列表，从中选择一种类别，该类别中所有的函数就会出现在【选择函数】列表框中，如选择函数类别为【文本】。

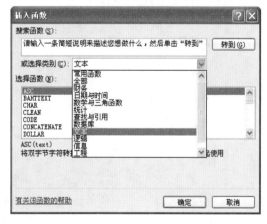

3 搜索函数	**4** 打开【函数参数】对话框
如果不确定需要哪一类函数，可以使用对话框顶部的【搜索函数】文本框搜索相应的函数。输入搜索项，单击【转到】按钮，即会得到一个相关函数的列表，如搜索函数类别为【引用】。	选择函数后单击【确定】按钮，Excel会显示【函数参数】对话框，可以直接输入参数，也可以单击参数文本框后的【折叠】按钮来选择参数，设定了所有的函数参数后单击【确定】按钮即可。

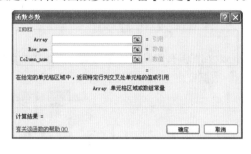

8.2.2 函数的组成

在Excel中，一个完整的函数式通常由3部分构成，其格式如下：标识符 函数名称（函数参数）。

1. 标识符

在单元格中输入计算函数时，必须先输入一个"="，这个"="称为函数的标识符。

工作经验小贴士

如果不输入"="，Excel通常将输入的函数式作为文本处理，不返回运算结果。如果输入"+"或"－"，Excel也可以返回函数式的结果，确认输入后，Excel在函数式的前面会自动添加标识符"="。

2. 函数名称

函数标识符后面的英文是函数名称。

工作经验小贴士

大多数函数名称是对应英文单词的缩写。有些函数名称是由多个英文单词（或缩写）组合而成的，例如条件求和函数SUMIF是由求和SUM和条件IF组成的。

3. 函数参数

函数参数主要有以下几种类型。

(1) 常量

常量参数主要包括数值（如123.45）、文本（如"计算机"）和日期（如2012-5-25）等。

(2) 逻辑值

逻辑值参数主要包括逻辑真（TRUE）、逻辑假（FALSE）以及逻辑判断表达式（例如单元格A3不等于空表示为"A3<>()"）的结果等。

(3) 单元格引用

单元格引用参数主要包括单个单元格的引用和单元格区域的引用等。

(4) 名称

在工作簿文档中各个工作表中自定义的名称，可以作为本工作簿内的函数参数直接引用。

(5) 其他函数式

用户可以用一个函数式的返回结果作为另一个函数式的参数。对于这种形式的函数式，通常称为"函数嵌套"。

(6) 数组参数

数组参数可以是一组常量（如2、4、6），也可以是单元格区域的引用。

8.2.3 函数的分类

Excel提供有丰富的内置函数，按照功能可以分为财务、时间与日期、数学与三角、统计、查找与引用、数据库、文本、逻辑、信息、工程、多维数据集和兼容性等12类。

8.3 输入函数并自动更新工资

本节视频教学时间：23分钟

在设计薪资管理系统之前首先需要新建"薪资管理"工作薄并输入数据。输入数据完成之后，就可以进行函数的输入，并在"薪资汇总"表中自动更新基本工资了。

1 新建并重命名工作表

新建工作薄，将"Sheet1"、"Sheet2"工作表分别重命名为"薪资调整"、"薪资汇总"。

2 输入"薪资调整"表内容

选择"薪资调整"工作表，在其中输入如下图所示的内容。并将其对齐方式设置为"居中"。

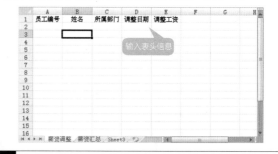

3 输入"薪资汇总"表内容

选择"薪资汇总"工作表，在其中输入如下图所示的内容。并将其对齐方式设置为"居中"。

4 保存工作薄

按【Ctrl+S】组合键，在弹出的【另存为】对话框输入"薪资管理.xlsx"，单击【保存】按钮。

5 在"薪资调整"表中输入数据

选择"薪资调整"表，选择A列、B列、C列，将其对齐方式设置为"居中"，选择D2:D10单元格区域，设置其单元格格式为"时间"，选择E2:E10单元格区域，设置其单元格格式为"货币"，并保留2位小数。设置完成输入下图所示内容。

6 在"薪资汇总"表中输入数据

选择"薪资调整"表，选择A列、B列、C列，将其对齐方式设置为"居中"，选择D2:D10单元格区域，设置其单元格格式为"货币"，并保留2位小数。此外，还可以根据实际情况调整单元格的行高和列宽。设置完成输入下图所示内容。输入数据完成之后，就可以进行函数的输入，并在"薪资汇总"表中自动更新基本工资。

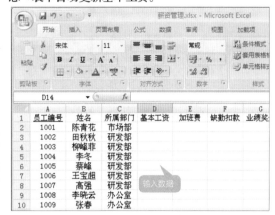

8.3.1 输入函数

接下来就可以进行薪资管理系统的设计了，首先应该学会函数的完整输入方法。

1 打开【插入函数】对话框

在"薪资调整"表中选择E11单元格，单击编辑栏中的 按钮，在打开的【插入函数】对话框【选择函数】选项组中选择"SUM"，单击【确定】按钮。

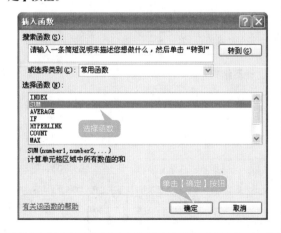

2 设置参数

在打开的【函数参数】对话框的【Number1】文本框中输入参数"E2:E10"，单击【确定】按钮。

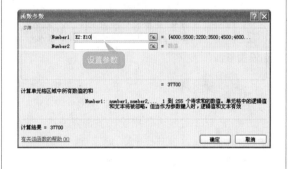

3 显示计算结果

即可在E11单元格中计算出E2:E10单元格区域的总和，并且选择E11单元格可以在编辑栏中看到输入的函数。

4 修改函数

双击E11单元格，使E11单元格处于可编辑的状态，按【Delete】键或【Backspace】键删除错误内容，输入其他正确内容即可。

8.3.2 自动更新基本工资

在"薪资调整"表中对基本工资数据进行了更新，可以通过函数调用使"薪资汇总"表的基本工资所在的D列数据进行自动更新。

1 选择单元格区域

选择"薪资调整"工作表，选择单元格区域A2:E10，在【公式】选项卡中，单击【定义的名称】选项组中的【定义名称】按钮 定义名称。

2 定义名称

弹出【新建名称】对话框，在【名称】文本框中输入"薪资调整"，在【范围】下拉列表中选择【工作簿】选项，在【引用位置】文本框中输入"=薪资调整!$A$2:$E$10"。

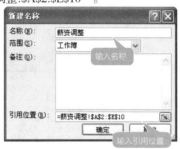

3 显示定义的名称

单击【确定】按钮，则名称框中会显示定义的范围名称"薪资调整"。

4 打开【插入函数】对话框

切换到"薪资汇总"工作表，选择单元格D2，单击编辑栏中的 fx 按钮，打开的【插入函数】对话框，在【或选择类别】下拉列表中选择"查找与引用"，在下方显示框中选择"VLOOKUP"。

5 设置参数

单击【确定】按钮，打开【函数参数】对话框，在【Lookup_value】文本框中输入"A2"，在【Table_array】文本框中输入"薪资调整"，在【Col_index_num】文本框中输入"5"。

6 计算结果

单击【确定】按钮，即可显示结果，将鼠标指针放在单元格D2右下角的填充柄上，当指针变为 形状时拖动，将公式复制到该列的其他单元格中。

8.4 奖金及扣款数据的链接

 本节视频教学时间：19分钟

Excel 2007中有一个非常好用的功能——数据链接，这项功能最大的优点就是结果会随着数据源的变化而自动更新。

1. 打开素材文件

打开随书光盘中的"素材\ch08\员工出勤管理表.xlsx"文件和"素材\ch08\业绩表.xlsx"文件。"员工出勤管理表.xlsx"文件要计算出加班费和缺勤扣款，"业绩表.xlsx"文件要计算出业绩奖金金额。

2. 设置"加班费"链接

下面设置"薪资汇总"工作表中"加班费"的链接。

1 选择单元格

选择"薪资汇总"工作表，并选择单元格E2。

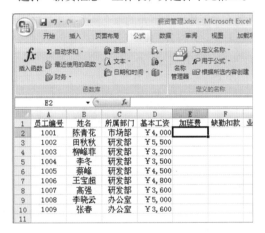

2 打开【插入函数】对话框

单击编辑栏中的 fx 按钮，打开的【插入函数】对话框，在【或选择类别】下拉列表中选择"查找与引用"，在下方显示框中选择"VLOOKUP"。

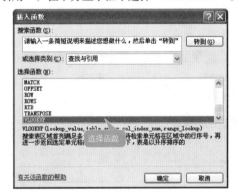

3 设置参数

单击【确定】按钮，打开【函数参数】对话框，在【Lookup_value】文本框中输入"A2"，在【Table_array】文本框中输入"[员工出勤管理表.xlsx]加班记录!$B$2:$G$10"，在【Col_index_num】文本框中输入"6"。

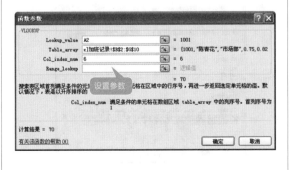

4 计算结果

单击【确定】按钮，即可显示结果，将鼠标指针放在单元格E2右下角的填充柄上，当指针变为 形状时拖动，将公式复制到该列的其他单元格中。

	A	B	C	D	E	F
1	员工编号	姓名	所属部门	基本工资	加班费	缺勤扣款
2	1001	陈青花	市场部	¥4,000	70	
3	1002	田秋秋	研发部	¥5,500	140	
4	1003	柳峰菲	研发部	¥3,200	140	
5	1004	李冬	研发部	¥3,500	70	
6	1005	蔡峰	研发部	¥4,500	70	
7	1006	王宝超	研发部	¥4,800	140	
8	1007	高强	研发部	¥3,600	140	
9	1008	李晓云	办公室	¥5,000	70	
10	1009	张春	办公室	¥3,600	140	
11						

3. 设置"缺勤扣款"链接

下面设置"薪资汇总"工作表中"缺勤扣款"的链接。

1 选择单元格

选择"薪资汇总"工作表，并选择单元格F2。

2 打开【插入函数】对话框

单击编辑栏中的 f_x 按钮，打开的【插入函数】对话框，在【或选择类别】下拉列表中选择"查找与引用"，在下方显示框中选择"VLOOKUP"。

3 设置参数

单击【确定】按钮，打开【函数参数】对话框，在【Lookup_value】文本框中输入"A2"，在【Table_array】文本框中输入"[员工出勤管理表.xlsx]缺勤记录!$A$2:$K$10"，在【Col_index_num】文本框中输入"11"。

4 计算结果

单击【确定】按钮，即可显示结果，将鼠标指针放在单元格F2右下角的填充柄上，当指针变为 形状时拖动，将公式复制到该列的其他单元格中。

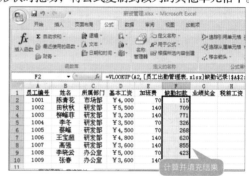

4. 设置"业绩奖金"链接

下面设置"薪资汇总"工作表中"业绩奖金"的链接。

1 选择单元格

选择"薪资汇总"工作表，并选择单元格G2。

2 打开【插入函数】对话框

单击编辑栏中的 f_x 按钮，打开的【插入函数】对话框，在【或选择类别】下拉列表中选择"查找与引用"，在下方显示框中选择"VLOOKUP"。

3 设置参数

单击【确定】按钮，打开【函数参数】对话框，在【Lookup_value】文本框中输入"A2"，在【Table_array】文本框中输入"[业绩表.xlsx]业绩奖金评估!$A$2:$H$10"，在【Col_index_num】文本框中输入"8"。

4 计算结果

单击【确定】按钮，即可显示结果，将鼠标指针放在单元格G2右下角的填充柄上，当指针变为 形状时拖动，将公式复制到该列的其他单元格中。

计算并填充结果

工作经验小贴士

在公式"=VLOOKUP(A2,[业绩表.xlsx]奖金评估!$B$2:$H$10,8)"中第3个参数设置为"8"，表示取满足条件的记录在"[业绩表.xlsx]奖金评估!$B$2:$H$10"区域中第8列的值，"[业绩表.xlsx]加班记录!$B$2:$H$10"区域就是"业绩表.xlsx"中的"奖金评估"工作表中的单元格区域$B$2:$H$10。

5. 设置"税前工资"

下面计算税前工资。

1 计算编号为1001员工税前工资

选择"薪资汇总"工作表，并选择单元格H2，输入公式"=D2+E2−F2+G2"，按【Enter】键确认。

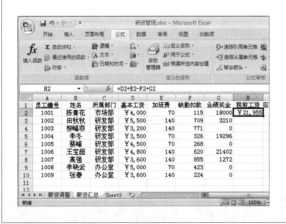

2 计算所有员工税前工资

将鼠标指针放在单元格H2右下角的填充柄上，当指针变为 形状时拖动，将公式复制到该列的其他单元格中。

填充结果

8.5 计算个人所得税

本节视频教学时间：12分钟

依照我国税法规定，企业员工应缴纳个人所得税，而一般计算应纳税额用的是超额累进税率，计算起来比较麻烦和繁琐，而使用Excel 2007的速算扣除数计算法功能，计算会变得简便。

1 打开"所得税计算表.xlsx"文件

打开随书光盘中的"素材\ch08\所得税计算表.xlsx"文件。

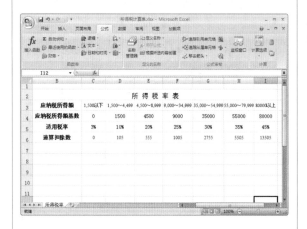

2 求税率为25%的员工税款

参考此所得税率表，可以看到公司1001、1004和1006号员工适用的所得税率为25%，扣除数为1005。据此编辑公式，在单元格I2中输入"=H2-3500*25% - 1005"，按【Enter】键确认，计算出应纳税款。用同样的方法求另外两个员工的税款。

3 求税率为20%的员工税款

参考所得税率表，可以看到公司1002号和1008号员工适用的所得税率为20%，扣除数为555。据此编辑公式，在单元格I3中输入"=(H3-3500)*20% - 555"，按【Enter】键确认，计算出应纳税款。

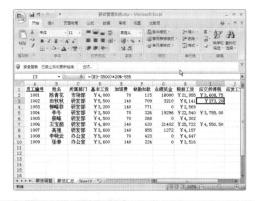

4 计算其他员工数款

参考所得税率表，用同样的方法求出其他员工的税款。

 工作经验小贴士

税率表中的内容可以根据当前税率进行调整。

8.6 计算个人应发工资

本节视频教学时间：3分钟

将所有的数据计算完成之后，就可以计算出每位员工应发的工资了。

工作经验小贴士

应发工资的计算可以使用计算完成的税前工资减去应交所得税。

1 计算应发工资

选择单元格J2，输入"=H2－I2"，按【Enter】键，即可计算出员工编号为"1001"的员工工资。

2 填充计算所有员工工资

将鼠标指针放在单元格J2右下角的填充柄上，当指针变为 形状时拖动，将公式复制到该列的其他单元格中。

3 选择【文件】选项卡

单击【Office】按钮图标，在弹出的列表中选择【另存为】选项。

4 另存工作薄

打开【另存为】对话框，从中将工作簿另存为"薪资管理系统.xlsx"，然后单击【保存】按钮即可。

8.7 其他常用函数

本节视频教学时间：35分钟

Excel 2007中内置了12种类型的函数，下面就分别来介绍几类常用函数的使用方法。

8.7.1 文本函数

文本函数是在公式中处理文字串的函数，主要用于查找、提取文本中的特定字符，转换数据类型，以及结合相关的文本内容等。

1. 从身份证号码中提取出生日期

18位身份证号码的第7位到第14位，15位身份证号码的第7位到第12位，代表的是出生日期，为了节省时间，登记出生年月时可以用MID函数将出生日期提取出来。

1 输入函数

打开随书光盘中的"素材\ch08\Mid.xlsx"文件，选择单元格D2，在其中输入公式"=IF(LEN(C2)=15,"19"&MID(C2,7,6),MID(C2,7,8))"，按【Enter】键，即可得到该居民的出生日期。

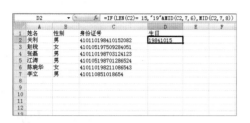

2 快速填充

将鼠标指针放在单元格D2右下角的填充柄上，当指针变为 形状时拖动，将公式复制到该列的其他单元格中。

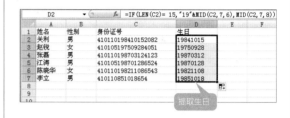

工作经验小贴士

MID函数

功能：返回文本字符串中从指定位置开始的特定个数的字符函数，该个数由用户指定。

格式：MID(text，start_num，num_chars)。

参数：text指包含要提取的字符的文本字符串，也可以是单元格引用；start_num表示字符串中要提取字符的起始位置；num_chars表示MID从文本中返回字符的个数。

2. 按工作量结算工资

工作量按件计算，每件10元。假设员工的工资组成包括基本工资、工作量，月底时，公司需要把员工的工作量转换为收入，加上基本工资进行当月工资的核算。这需要用到TEXT函数将数字转换为文本格式，并添加货币符号。

工作经验小贴士

TEXT函数

功能：设置数字格式，并将其转换为文本函数。将数值转换为按指定数字格式表示的文本。

格式：TEXT(value,format_text)。

参数：value表示数值，计算结果为数值的公式，也可以是对包含数字的单元格引用；format_text是用引号括起来的文本字符串的数字格式。

1 插入函数

打开随书光盘中"素材\ch08\Text.xlsx"文件，选择单元格E3，在其中输入公式"=TEXT(C3+D3*10,"￥#.00")"，按【Enter】键，即可完成"工资收入"的计算。

2 快速填充

将鼠标指针放在单元格D2右下角的填充柄上，当指针变为 形状时拖动，将公式复制到该列的其他单元格中。

8.7.2 日期与时间函数

日期和时间函数主要用来获取相关的日期和时间信息，经常用于日期的处理。其中"=NOW()"可以返回当前系统的时间。

1. 统计员工上岗的年份

公司每年都有新来的员工和离开的员工，可以利用YEAR函数统计员工上岗的年份。

工作经验小贴士

YEAR函数

功能：返回某日对应的年份函数。显示日期值或日期文本的年份，返回值的范围为1 900～9 999的整数。

格式：YEAR(serial_number)。

参数：serial_number为一个日期值，其中包含需要查找年份的日期。可以使用DATE函数输入日期，或者将函数作为其他公式或函数的结果输入。如果参数以非日期形式输入，则返回错误值"#VALUE!"。

1 插入函数

打开随书光盘中的"素材\ch08\Year.xlsx"文件，选择单元格D3，在其中输入公式"=YEAR(C3）"，按【Enter】键，即可计算出"上岗年份"。

2 快速填充

将鼠标指针放在单元格D3右下角的填充柄上，当指针变为 形状时拖动，将公式复制到该列的其他单元格中。

2. 计算停车的小时数

使用HOUR函数根据停车的开始时间和结束时间计算停车的时间，不足1小时舍去。

工作经验小贴士

HOUR函数

功能：返回时间值的小时数函数。计算某个时间值或者代表时间的序列编号对应的小时数。

格式：HOUR(serial_number)。

参数：serial_number表示需要计算小时数的时间，这个参数的数据格式是所有Excel可以识别的时间格式。

1 插入函数

打开随书光盘中的"素材\ch08\Hour.xlsx"文件，选择单元格D3，在其中输入公式"=HOUR(C3-B3)"，按【Enter】键，即可计算出停车时间的小时数。

2 快速填充

将鼠标指针放在单元格D3右下角的填充柄上，当指针变为 形状时拖动，将公式复制到该列的其他单元格中。

8.7.3 统计函数

统计函数的出现方便了Excel用户从复杂的数据中筛选有效的数据。由于筛选的多样性，Excel中提供有多种统计函数。

公司考勤表中记录了员工是否缺勤，现在需要统计缺勤的总人数，这里需使用COUNT函数。表格中的"正常"表示不缺勤，"0"表示缺勤。

工作经验小贴士

COUNT函数

功能：统计参数列表中含有数值数据的单元格个数。

格式：COUNT(value1,value2,…)。

参数：value1,value2,…表示可以包含或引用各种类型数据的1到255个参数，但只有数值型的数据才被计算。

1 插入函数

打开随书光盘中的"素材\ch08\Count.xlsx"文件。

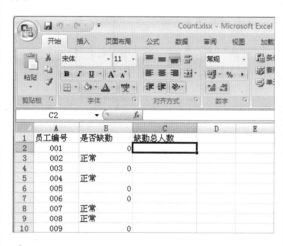

2 计算结果

在单元格C2中输入公式"=COUNT (B2:B10)"，按【Enter】键，即可得到"缺勤总人数"。

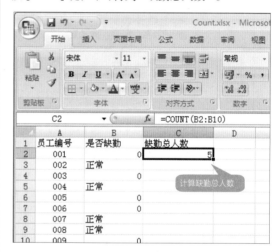

8.7.4 财务函数

财务函数作为Excel中的常用函数之一，为财务和会计核算（记账、算账和报账）提供了很多方便。

海天公司2012年7月16日新购两台大型机器，购买价格A机器为52万元、B机器为48万元，折旧期限都为5年，A机器的资产产值为6万元、B机器为3.5万元，试利用DB函数计算这两台机器每一年的折旧值。

工作经验小贴士

DB函数

功能：使用固定余数递减法，计算资产在一定期间内的折旧值。

格式：DB(cost,salvage,life,period,month)。

参数：cost为资产原值，用单元格或数值来指定；salvage为资产在折旧期末的价值，用单元格或数值来指定；life为固定资产的折旧期限；period为计算折旧值的期间；month为购买固定资产后第一年的使用月份数。

1 打开文件并设置格式

　　打开随书光盘中的"素材\ch08\Db.xlsx"文件，并设置B8:C12单元格区域的数字格式为【货币】格式，小数位数为"0"。

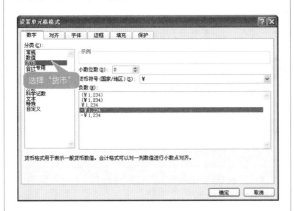

2 计算机器A折旧值

　　在单元格B8中输入公式"=DB($B$2,$B$3,$B$4,A8,$B$5)"，按【Enter】键，即可计算出机器A第一年的折旧值。

3 计算机器B折旧值

　　在单元格C8中输入公式"=DB($C$2,$C$3,$C$4,A8,$C$5)"，按【Enter】键，即可计算出机器B第一年的折旧值。

4 快速填充

　　将鼠标指针放在单元格区域B8:C8右下角的填充柄上，当指针变为■形状时拖动，将公式复制到该列的其他单元格中。

举一反三

　　设计薪资管理系统主要是使用函数来对表格中的数据进行计算。其他类似的还有建立员工加班统计表、建立会计凭证、制作账单簿、制作分类账表、制作员工年度考核系统、制作业绩管理及业绩评估系统等。

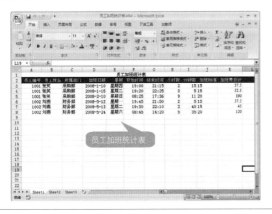

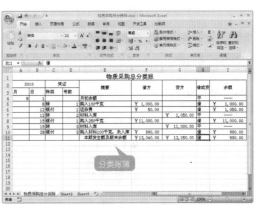

高手私房菜

技巧1：使用NOT函数判断输入的年龄是否正确

可以使用NOT函数判断输入的年龄是否大于0，若小于0，则给出提示信息。

1 打开素材文件

打开随书光盘中的"素材\ch08\技巧.xlsx"文件。在单元格C3中输入公式"=IF(NOT(B3>0),"年龄不能小于0",B3)"，按【Enter】键，即可完成数据的判断。

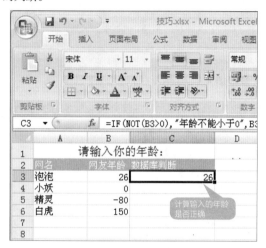

2 快速填充判断

将鼠标指针放在单元格C3右下角的填充柄上，当指针变为 形状时拖动，将公式复制到该列的其他单元格中。

技巧2：大小写字母转换技巧

与大小写字母转换相关的3个函数为LOWER、UPPER和PROPER。

1 LOWER函数

将字符串中所有的大写字母转换为小写字母。

2 UPPER函数

将字符串中所有的小写字母转换为大写字母。

3 PROPER函数

将字符串的首字母及任何非字母字符后面的首字母转换为大写字母。

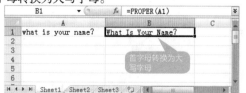

工作经验小贴士

如果需要将一个字符串中的某个或几个字符转换为大写字母或小写字母，可以将LOWER函数和UPPER函数与其他的查找函数结合起来进行转换。

第9章

数据透视表／图的应用
——设计销售业绩透视表与透视图

 本章视频教学时间：37 分钟

数据透视表/图是一种可以深入分析数值数据，进行快速汇总大量数据的交互式表/图。

【学习目标】

通过本章的学习，可以初步了解如何创建数据透视表及数据透视图，并制作简单的年度产品销售额数据透视表及数据透视图。

【本章涉及知识点】

掌握创建数据透视表的方法

了解数据透视表的其他应用

掌握创建数据透视图的方法

了解数据透视图的其他应用

9.1 数据准备及需求分析

 本节视频教学时间：4分钟

数据透视表是一种对大量数据快速汇总和建立交叉列表的交互式动态表格，能够帮助用户分析、组织既有数据，是Excel中的数据分析利器。

用户可以从4种类型的数据源中创建数据透视表。

(1) Excel数据列表。Excel数据列表是最常用的数据源。如果以Excel数据列表作为数据源，则标题行不能有空白单元格或者合并的单元格，否则不能生成数据透视表，会出现如图所示的错误提示。

(2) 外部数据源。文本文件、Microsoft SQL Server数据库、Microsoft Access数据库、dBASE数据库等均可作为数据源。Excel 2000及以上版本还可以利用Microsoft OLAP多维数据集创建数据透视表。

(3) 多个独立的Excel数据列表。数据透视表可以将多个独立Excel表格中的数据汇总到一起。

(4) 其他数据透视表。创建完成的数据透视表也可以作为数据源来创建另外一个数据透视表。

在实际工作中，用户的数据往往是以二维表格的形式存在的，如下左图所示。这样的数据表无法作为数据源创建理想的数据透视表。只能把二维的数据表格转换为如下右图所示的一维表格，才能作为数据透视表的理想数据源。数据列表就是指这种以列表形式存在的数据表格。

	A	B	C	D	E
1		系统软件	办公软件	开发工具	游戏软件
2	第1季度	438, 567	651, 238	108, 679	563, 297
3	第2季度	549, 765	736, 489	264, 597	799, 861
4	第3季度	645, 962	824, 572	376, 821	986, 538
5	第4季度	799, 965	999, 968	563, 289	1, 108, 976
6					
7					
8					
9					

	产品类别	季度	销售
2			
3	系统软件	第一季度	¥438, 567
4	办公软件	第一季度	¥651, 238
5	开发工具	第一季度	¥108, 679
6	游戏软件	第一季度	¥563, 297
7	系统软件	第二季度	¥549, 765
8	办公软件	第二季度	¥736, 489
9	开发工具	第二季度	¥264, 597
10	游戏软件	第二季度	¥799, 861
11	系统软件	第三季度	¥645, 962
12	办公软件	第三季度	¥824, 572
13	开发工具	第三季度	¥376, 821
14	游戏软件	第三季度	¥986, 538
15	系统软件	第四季度	¥799, 965
16	办公软件	第四季度	¥999, 968
17	开发工具	第四季度	¥563, 289
18	游戏软件	第四季度	¥110, 897, 6
19			

本章将要创建的销售业绩透视表，使用Excel数据列表作为数据源。在数据准备的过程中，就必须注意标题行中不能有空白单元格，且表格需要是简单的一维表。其中的数据要根据产品名称、销售员、销售时间等分别填入。只有作好数据准备工作，才能顺利创建数据透视表，并充分发挥其作用。

9.2 设计销售业绩透视表

 本节视频教学时间：18分钟

数据透视表是一种可以深入分析数值数据，进行快速汇总大量数据的交互式报表，使用数据透视表可以回答一些预料不到的数据问题。

9.2.1 创建销售业绩透视表

数据透视表实际上是从数据库中生成的动态总结报告，其最大的特点就是具有交互性。创建透视表后，可以任意地重新排列数据信息，并且可以根据需要对数据进行分组。

1 打开素材

打开随书光盘中的"素材\ch09\销售业绩表.xlsx"文件。在【插入】选项卡的【表格】选项组中单击【数据透视表】按钮，在弹出的下拉列表中选择【数据透视表】选项。

2 设置【创建数据透视表】对话框

弹出【创建数据透视表】对话框，选中【请选择要分析的数据】选项组中的【选择一个表或区域】单选按钮，单击【表/区域】文本框右侧的按钮，用鼠标拖曳选择A2:G13单元格区域来设置数据源，然后在【选择放置数据透视表的位置】选项组中选中【现有工作表】单选按钮设置放置位置，设置完成后，单击【确定】按钮。

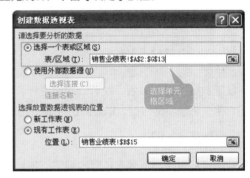

3 拖曳字段到所需的区域

进入数据透视表的编辑界面，工作表中会出现数据透视表，在其右侧出现【数据透视表字段列表】窗格。在【数据透视表字段列表】窗格中，单击拖曳"产品名称"字段至到【列标签】列表框中，即可将"产品名称"字段添加到【列标签】列表框中。

工作经验小贴士

在【数据透视表字段列表】窗格中，可以根据需要用鼠标直接拖曳各个字段至所需的区域。

4 将其他字段拖曳至合适的区域

按照上一步操作，将"销售员"字段添加到【行标签】列表框中，将"销售时间"字段添加到【报表筛选】列表框中，将"销售点"字段添加到【列标签】列表框中，将"销售额"字段添加到【数值】列表框中。效果如下图所示。

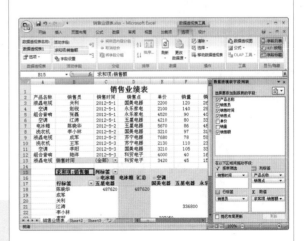

5 关闭【数据透视表字段列表】窗格

单击【数据透视表字段列表】窗格右上角的 ⊠ 按钮，将该窗格关闭。

6 保存为"销售业绩透视表.xlsx"

销售业绩透视表的创建完成之后单击【Office】按钮，在下拉菜单列表中选择【另存为】菜单选项，输入文件名"销售业绩透视表.xlsx"，然后单击【保存】按钮即可。

9.2.2 编辑透视表

创建数据透视表以后，就可以对它进行编辑了，对数据透视表的编辑包括修改布局、添加或删除字段、格式化表中的数据，以及对透视表进行复制和删除等。

1. 修改数据透视表

数据透视表是显示数据信息的视图，不能直接修改数据透视表所显示的数据项。但表中的字段名是可以修改的，还可以修改数据透视表的布局，从而重组数据透视表。

1 将【销售点】拖到【行标签】区域

在右侧的【列标签】中单击【销售点】，将其拖到【行标签】区域。

2 将【销售点】拖到【销售员】上方

将【销售点】拖到【销售员】上方，此时左侧的透视表如下图所示。

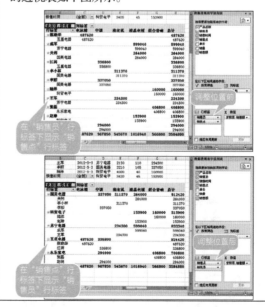

2. 修改透视数据表的数据排序

排序是数据表中的基本操作，用户总是希望数据能够按照一定的顺序排列。数据透视表的排序不同于普通工作表表格的排序。

1 修改数据排序

选择H列中的任意一个单元格，单击【选项】选项卡中【排序和筛选】选项组中的【降序】按钮。

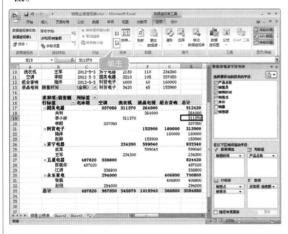

2 查看效果

即可根据该列数据进行降序排序，如下图所示。

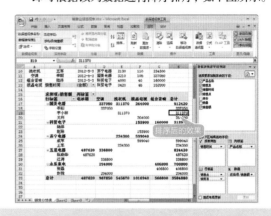

工作经验小贴士

如果用户修改了数据源中的数据，透视表更新后将按照排序方式自动重新排序。

3. 改变数据透视表的汇总方式

Excel数据透视表默认的汇总方式是求和，用户可以根据需要改变数据透视表中数据项的汇总方式。

1 调出【值字段设置】对话框

单击右侧【∑数值】列表中的【求和项：销售额】，选择【值字段设置】选项。弹出【值字段设置】对话框，从中可以设置值汇总的方式。

2 值汇总方式修改为平均值

单击【选择用于汇总所选数据字段的计算类型】选项中的【平均值】选项，单击【确定】按钮，即可更改。

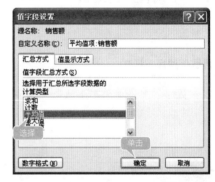

4. 添加或者删除字段

用户可以根据需要随时向透视表添加或者删除字段。

---

1 删除字段

在右侧【选择要添加到报表的字段】列表框中，撤选【销售点】字段，即可将其从数据透视表中删除。

2 添加字段

在右侧【选择要添加到报表的字段】列表框中，单击选中要添加的字段的复选框，即可将其添加到数据透视表中。

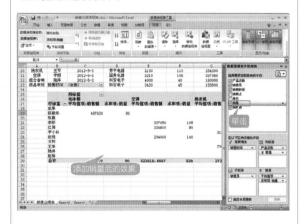

添加销量后的效果

工作经验小贴士

在【行标签】的字段名称上单击，并将其拖到窗口外面，也可以删除此字段。

9.2.3 美化透视表

创建数据透视表并编辑好以后，可以对它进行美化，使其看起来更加美观。

---

1 设置数据透视表样式

选中数据透视表，单击【数据透视表工具】选项卡中【设计】组中【数据透视表样式】的【其他】按钮，在弹出的下拉列表中选择一种透视表样式，即可更改数据透视表样式。

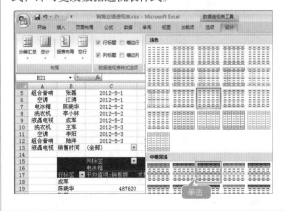

2 调出【设置单元格格式】对话框

选中数据透视表中的"总计"一行，单击鼠标右键，弹出快捷菜单，选择【设置单元格格式（F）...】菜单选项，即可调出【设置单元格格式】对话框。

3 设置单元格格式

在【分类】列表框中选择【货币】选项，将【小数位数】设置为"0"，【货币符号】设置为"¥"。

4 查看效果

单击【确定】按钮，即可将销售业绩透视表中的"数值"格式更改为"货币"格式。

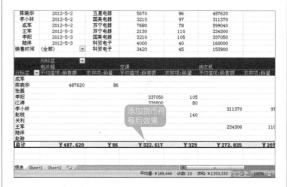

5 插入艺术字

在【插入】选项卡中，单击【文本】选项组中的【艺术字】按钮，弹出下拉列表，选择其中一种艺术字体样式。

6 设置艺术字字体格式

根据需要输入艺术字内容，并调整艺术字的位置。完成销售业绩额透视表制作后，按【Ctrl+S】组合键即可保存工作表。

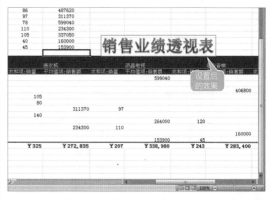

9.3 设计销售业绩透视图

 本节视频教学时间：15分钟

与数据透视表一样，数据透视图也是交互式的。创建数据透视图时，筛选的数据将显示在数据透视图的图表区。当改变相关联的数据透视表中的字段布局或数据时，数据透视图也会随之变化。

9.3.1 创建数据透视图

创建数据透视图的方法有两种，一种是直接通过数据表中的数据创建数据透视图，另一种是通过已有的数据透视表创建数据透视图。

1. 通过数据区域创建数据透视图

下面通过数据区域来创建数据透视图。

1 选择【数据透视图】选项

单击【插入】选项卡【表格】选项组中的【数据透视表】，在弹出的下拉列表中选择【数据透视图】选项。

2 调出【创建数据透视表及数据透视图】对话框

弹出【创建数据透视表及数据透视图】对话框，选中【选择一个表或区域】单选按钮，单击【表/区域】文本框右侧的按钮，用鼠标拖曳选择A2:G13单元格区域来设置数据源，然后单击【确定】按钮。

3 创建数据透视图

弹出数据透视表的编辑界面，工作表中会出现图表区、数据透视表1，数据透视图筛选表格，在其右侧出现的是【数据透视表字段列表】窗格。

4 完成数据透视图的创建

在【数据透视表字段列表】中勾选要添加到视图的字段，即可完成数据透视图的创建，如下图所示。

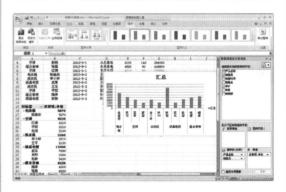

2. 通过数据透视表创建数据透视图

下面通过数据透视表来创建数据透视图。

1 设置【插入图表】对话框

在【选项】选项卡中的【工具】选项组中单击【数据透视图】按钮，弹出【插入图表】对话框，单击【三维簇状柱形图】选项。

2 查看效果

单击【确定】按钮即可在当前工作表中插入数据透视图。

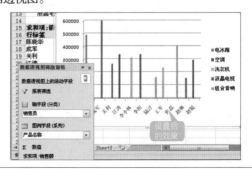

9.3.2 编辑数据透视图

创建数据透视图以后，就可以对它进行编辑了。

1 选择销售员

单击数据透视图左下角的【行标签】按钮，在弹出的列表中撤消选中【（全选）】复选框，然后单击选中【陈晓华】和【李小林】两个复选框，单击【确定】按钮。

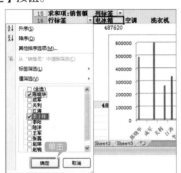

2 显示选中的销售员的销售数据

在销售业绩透视图中将只显示"陈晓华"和"李小林"的销售数据。

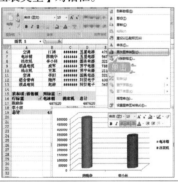

3 选择【更改图表类型】菜单选项

在销售数据透视图中单击鼠标右键，在弹出的快捷菜单中选择【更改图表类型】菜单选项，弹出【更改图表类型】对话框。

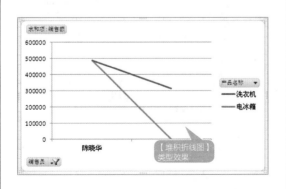

4 选择【堆积折线图】选项

选择【折线图】类型中的【堆积折线图】选项。

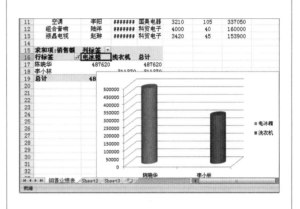

5 改为【堆积折线图】类型效果

单击【确定】按钮，即可将销售业绩透视图类型更改为【堆积折线图】类型。

6 改为【堆积圆锥图】类型效果

在【更改图表类型】对话框中用户也可以根据需要将图表类型改为【堆积圆锥图】类型，效果如下图所示。

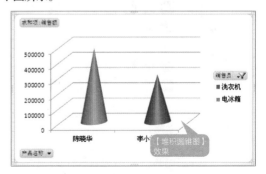

9.3.3 美化数据透视图

创建数据透视图并编辑好以后，可以对它进行美化，使其看起来更加美观。下面我们就通过设置图表区格式、图表区域来进行讲解美化数据透视图。

1. 设置图表区格式

整个图表以及图表中的数据称为图表区，设置图表区格式具体步骤如下。

1 调出【设置图表区格式】对话框	**2** 填充图表区
选中图表区，单击鼠标右键，在弹出的快捷菜单中选择【设置图表区域格式】菜单选项，即可弹出【设置图表区格式】对话框。在【填充】选项组中选择并设置【渐变填充】选项，如下图所示。	单击【关闭】按钮，即可完成图表区格式的设置。
	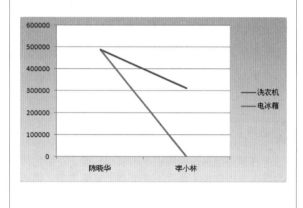

2. 设置绘图区格式

绘图区主要显示数据表中的数据，设置绘图区格式具体步骤如下。

1 选择形状样式	**2** 查看效果
选中绘图区后，在【格式】选项卡下【形状样式】选项组中，单击【其他】按钮 ，在弹出的列表中选择一种形状样式，如下图所示。	绘图区设置完成后，将其保存，效果如下图所示。
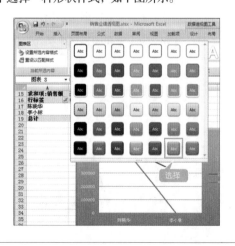	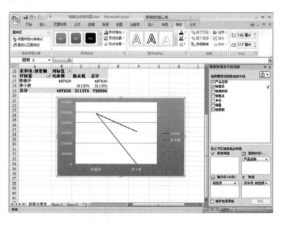

举一反三

销售业绩透视表与透视图可用于快速汇总大量数据，其内容主要包括表和图两部分。其他可以进行类似分析的工作表还有学生成绩分析表、产品销售额报表、来客登记表等。

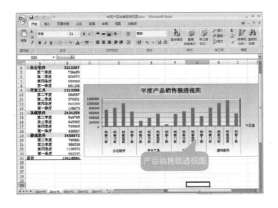

高手私房菜

技巧1：格式化数据透视表中的数据

若用户对数据区域的数据格式不满意，可以设置这些数据的数字格式。

1 调出【值字段设置】对话框	**2** 调出【设置单元格格式】对话框
选择本章创建的数据透视图，在需要设置数字格式的单元格上单击鼠标右键，在弹出的快捷菜单中选择【值字段设置】菜单选项，弹出【值字段设置】对话框。 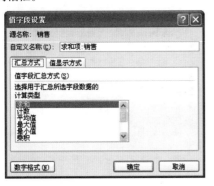	单击【数字格式】按钮，弹出【设置单元格格式】对话框，从中设置数字格式即可。 

技巧2：刷新数据透视表

当修改数据源中的数据时，数据透视表不会自动地更新，用户必须执行更新数据操作才能够刷新数据透视表。刷新数据透视表的方法如下。

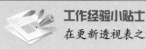

工作经验小贴士

在更新透视表之前应确保要更新的透视表是活动工作表。

---

1 使用选项卡刷新数据

选择【数据】选项卡下的【连接】选项组，单击【全部刷新】按钮下的倒三角按钮，在弹出的下拉菜单中选择【刷新】或【全部刷新】菜单选项。

2 使用快捷菜单刷新数据

右击数据透视表数据区域中的任意一个单元格，在弹出的快捷菜单中选择【刷新】菜单命令。

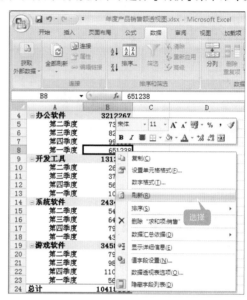

技巧3：移动数据透视表

1 选择透视表移动位置

选择整个数据透视表，单击【选项】选项卡【操作】选项组中的【移动数据透视表】按钮，弹出【移动数据透视表】对话框，选择放置数据透视表的位置后，按【确定】按钮。

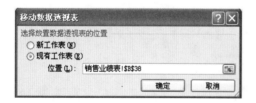

2 查看效果

即可将数据透视表移动到新的位置。

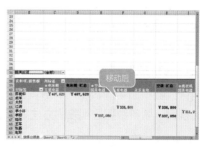

第 10 章

Excel 的专业数据分析功能
——分析产品销售明细清单

 本章视频教学时间：1 小时 7 分钟

Excel有较强的数据分析功能，用户可以方便、快捷地完成专业的数据分析。

【学习目标】

通过本章的学习，可以掌握 Excel 2007 的数据分析功能，并能方便、快捷地分析工作表。

【本章涉及知识点】

数据的排序和筛选

使用条件格式

突出显示单元格效果

设置数据的有效性

数据的分类汇总

10.1 排序数据

 本节视频教学时间：17分钟

Excel默认的排序是根据单元格中的数据进行的。在本节将详细介绍如何根据需要对"产品销售明细清单"进行排序。

10.1.1 单条件排序

单条件排序就是依据某列的数据规则对数据进行排序。以下将对"产品销售明细清单"工作表中的"盈利"列进行排序。

1 选择排序的列

打开随书光盘中的"素材\ch10\产品销售明细单.xlsx"，选择【盈利】列中的任一单元格。

2 升序排列效果

切换到【数据】选项卡，单击【排序和筛选】选项组中的【升序】按钮（或【降序】按钮），即可快速地将盈利分从低到高进行排序。

 工作经验小贴士

选择要排序列的任意一个单元格，单击鼠标右键，在弹出的快捷菜单中选择【排序】▶【升序】菜单选项或【排序】▶【降序】菜单选项，也可以排序。默认情况下，排序时把第1行作为标题行，不参与排序。由于数据表中有多列数据，所以如果仅对一列或几列排序，则会打乱整个数据表中数据的对应关系，因此应谨慎使用此排序操作。

10.1.2 多条件排序

多条件排序就是依据多列的数据规则对数据表进行排序。对产品销售明细清单工作表中的"盈利"和"单价"从高到低排序。

 工作经验小贴士

在Excel 2007中，多条件排序可以设置64个关键词。如果进行排序的数据没有标题行，或者让标题行也参与排序，可以在【排序】对话框中撤消选中【数据包含标题】复选框。

1 选择单元格

选择数据区域内的任一单元格，在【数据】选项卡中，单击【排序和筛选】选项组中的【排序】按钮。

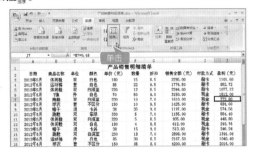

2 弹出【排序】对话框

弹出【排序】对话框。

工作经验小贴士

在任意一个单元格，单击鼠标右键，在弹出的快捷菜单中选择【排序】▶【自定义排序】菜单选项，也可以弹出【排序】对话框。

3 设置【排序】对话框

在【排序】对话框中的【主要关键字】下拉列表、【排序依据】下拉列表和【次序】下拉列表中，分别进行如图所示的设置。单击【添加条件】按钮，可以增加条件，根据需要对次要关键字设置。全部设置完成，单击【确定】按钮即可。

4 查看排序效果

排序效果如下图所示。

10.1.3 按行排序

在Excel 2007中，除了可以进行多条件排序外，还可以对行进行排序。接下来对产品销售明细清单工作表按行排序。

1 选择单元格

选择数据区域内的任一单元格，这里选择单元格A2，然后在【数据】选项卡中，单击【排序和筛选】选项组中的【排序】按钮。

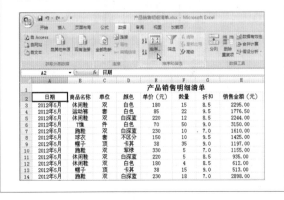

2 设置按行排序

弹出【排序】对话框。单击【选项】按钮，弹出【排序选项】对话框，选中【按行排序】单选按钮，单击【确定】按钮。

3 选择排序关键字

返回【排序】对话框，在【主要关键字】右侧的下拉列表中选择要排序的行（如"行3"），然后设置【排序依据】和【次序】，设置完成后单击【确定】按钮。

工作经验小贴士

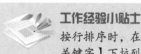

按行排序时，在【排序】对话框中的【主关键字】下拉列表中将显示工作表中输入数据的行号，用户不能选择没有数据的行进行排序。

4 按行排序最终效果

按行排序后，调整列宽，最终效果如图所示。

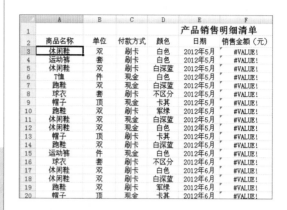

10.1.4 按列排序

按列排序是最常用的排序方法，可以根据某列数据对列表进行升序或者降序排列。对产品销售明细清单工作表中的"销售金额"，按由高到低的顺序排序。

1 设置按列排序

选中数据区域内的任一单元格，在【数据】选项卡中，单击【排序和筛选】选项组中的【排序】按钮，弹出【排序】对话框，然后单击【选项】按钮，弹出【排序选项】对话框，选中【按列排序】单选按钮。在"排序"对话框中，设置【主关键字】为"销售金额"，【排序依据】为"数值"，【次序】为"降序"。

2 查看按列排序结

设置完成之后单击【确定】按钮。销售金额降序排列，显示效果如下图所示。

工作经验小贴士

按列排序时，要先选定该列的某个数据，再进行排序，不能选择该列中的空单元格。当列的值相同时，可以进行多列排序，方法同"多条件排序"。

10.1.5 自定义排序

在Excel中，使用以上的排序方法仍然达不到要求时，可以使用自定义排序。接下来讲解在"产品销售明细清单"工作簿中使用自定义排序。

1 设置【Excel选项】对话框

选择需要自定义排序的单元格区域，然后选择【Office按钮】➤【Excel选项】选项，在弹出的【Excel选项】对话框中的左侧列表中选择【常规】选项，单击【编辑自定义列表】按钮。

2 编辑自定义序列

弹出【自定义序列】对话框，在【输入序列】文本框中输入如图所示的序列，然后单击【添加】按钮。设置完成后单击【确定】按钮。

3 选择单元格

返回【Excel选项】对话框，单击【确定】按钮，接着选择数据区域内的任一单元格。在【数据】选项卡中，单击【排序和筛选】选项组中的【排序】按钮。

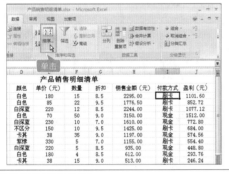

4 设置排序对话框

弹出【排序】对话框，在【主要关键字】下拉列表中选择【付款方式】选项，在【次序】下拉列表中选择【自定义序列】选项。

5 选择自定义的序列

弹出【自定义序列】对话框，选择相应的序列，然后单击【确定】按钮，返回【排序】对话框。再次单击【确定】按钮，即可关闭【排序】对话框。

6 最终排序效果

按自定义的序列进行排序的效果如下图所示。

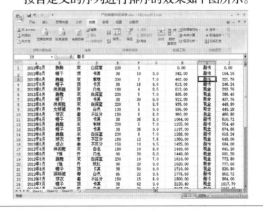

10.2 筛选数据

本节视频教学时间：12分钟

　　在数据清单中，如果需要查看一些特定数据，就要对数据清单进行筛选，即从数据清单中选出符合条件的数据，将其显示在工作表中，而将不符合条件的数据隐藏起来。Excel有自动筛选器和高级筛选器两种，自动筛选器是筛选数据列表极其简便的方法，而高级筛选器则可规定很复杂的筛选条件。

10.2.1 自动筛选

　　自动筛选器有快速访问数据列表的管理功能。通过简单的操作，用户就能够筛选掉那些不想看到或者不想打印的数据。而在使用自动筛选命令时，也可选择使用单条件筛选和多条件筛选命令。

1. 单条件筛选

　　所谓的单条件筛选，就是将符合一种条件的数据筛选出来。

　　将"产品销售明细清单"工作表中的"休闲鞋"筛选出来的操作步骤如下。

1 选择单元格	**2** 进入自动筛选状态
选择数据区域内的任一单元格。 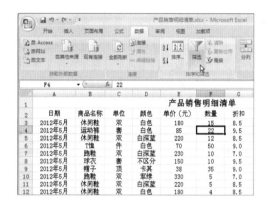	在【数据】选项卡中，单击【排序和筛选】选项组中的【筛选】按钮，进入【自动筛选】状态，此时在标题行每列的右侧出现一个下拉箭头。 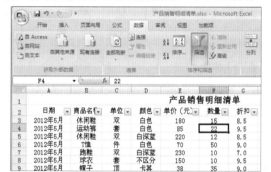
3 选择商品	**4** 显示最终筛选效果
单击【商品名称】列右侧的下拉箭头，在弹出的下拉列表中撤消选中【全选】复选框，单击选中【休闲鞋】复选框，单击【确定】按钮。 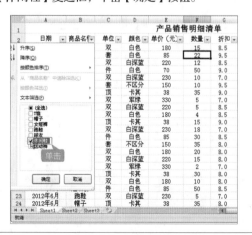	经过筛选后的数据清单如图所示，可以看出仅显示商品"休闲鞋"，其他记录被隐藏。 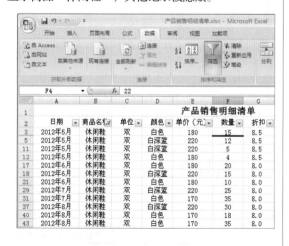

2. 多条件筛选

多条件筛选就是将符合多个条件的数据筛选出来。将产品销售明细清单表中折扣为"7.0"和"8.5"的产品筛选出来的具体操作步骤如下。

1 设置筛选条件

单击数据区域内的任一单元格。在【数据】选项卡中，单击【排序和筛选】选项组中的【筛选】按钮，进入【自动筛选】状态。单击【折扣】列右侧的下拉箭头，在弹出的下拉列表中撤消选中【全选】复选框，单击选中【7.0】和【8.5】复选框。

2 进入自动筛选状态

设置好筛选条件之后，单击【确定】按钮，即可查看筛选后的结果。

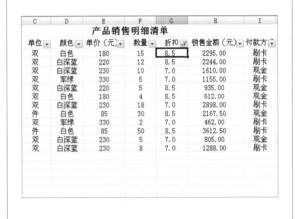

 工作经验小贴士

应用筛选操作后，在列标题右侧的下拉箭头上将显示"漏斗"图样，将指针放在"漏斗"图标上，即可显示出相应的筛选条件。

10.2.2 高级筛选

如果要对字段设置多个复杂的筛选条件，可以使用Excel提供的高级筛选功能。在"产品销售明细清单"工作表中将"商品名称"中的"帽子"颜色为"卡其"色的筛选出来。

1 输入筛选条件

首先将帽子的颜色修改为"卡其"色和"黑"色。然后，在E51单元格中输入"商品名称"，在E52单元格中输入"帽子"，在F51单元格中输入"颜色"，在F52单元格中输入"卡其"，然后按【Enter】键。

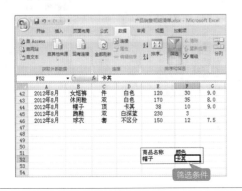

2 弹出【高级筛选】对话框

单击数据区域的任一单元格，然后在【数据】选项卡中，单击【排序和筛选】选项组中的【高级】按钮，弹出【高级筛选】对话框。

 工作经验小贴士

条件区域用来指定筛选的数据必须满足的条件。在条件区域中要求包含作为筛选条件的字段名，字段名下面必须有两个空行，一行用来输入筛选条件，另一行用来把条件区域和数据区域分开。

3 设置【高级筛选】对话框

分别单击【列表区域】和【条件区域】文本框右侧的按钮，设置列表区域和条件区域。设置完成之后，单击【确定】按钮。

工作经验小贴士

在【高级筛选】对话框中选中【将筛选结果复制到其他位置】单选按钮，【复制到】输入框则呈高亮显示，然后选择单元格区域，筛选的结果将复制到所选的单元格区域中。

4 显示筛选结果

显示筛选出符合条件区域的数据。

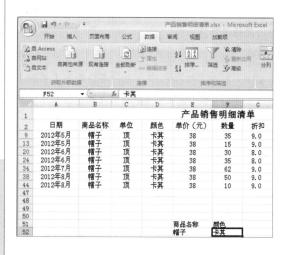

10.2.3 自定义筛选

自定义筛选可分为模糊筛选、范围筛选以及通配符筛选等3类，本小节将详细介绍模糊筛选和范围筛选的操作方法。

1. 模糊筛选

将"产品销售明细清单"工作表中商品的颜色开头为"白"的商品筛选出来。

1 设置【文本筛选】

选择数据区域内的任一单元格，在【数据】选项卡中，单击【排序和筛选】选项组中的【筛选】按钮，进入【自动筛选】状态。单击【颜色】列右侧的下拉箭头，在弹出的下拉列表中选择【文本筛选】▶【开头是】选项。

2 设置自定义自动筛选方式并查看筛选效果

在打开的【自定义自动筛选方式】对话框中【颜色】区域，选择【开头是】选项和【白】选项，然后单击【确定】按钮，显示筛选效果。

2. 范围筛选

将"产品销售明细清单"工作表中单价大于等于100小于等于200的商品筛选出来。

1 进入自定义筛选状态

选择数据区域内的任一单元格，单击【排序和筛选】选项组中的【筛选】按钮，进入【自动筛选】状态。

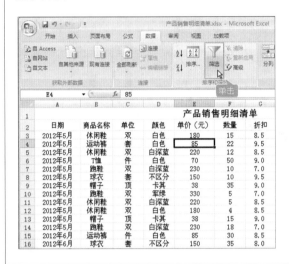

2 选择【数字筛选】选项

单击【单价】列右侧的下拉箭头，在弹出的下拉列表中选择【数字筛选】➤【介于】选项。

3 设置自定义筛选范围

弹出【自定义自动筛选方式】对话框，在【单价】区域【大于或等于】右侧的文本框中输入"100"，选中【与】单选按钮，并在【小于或等于】右侧的文本框中输入"200"。

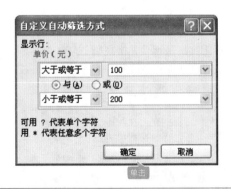

4 查看结果

单击【确定】按钮，显示筛选效果。

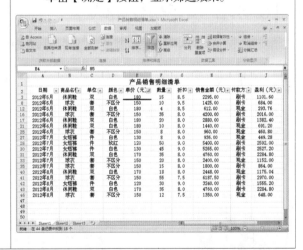

10.3 使用条件格式

本节视频教学时间：6分钟

在Excel中，使用条件格式可以方便、快捷地将符合要求的数据突出显示出来，使工作表中的数据一目了然。

10.3.1 条件格式综述

条件格式是指条件为真时，Excel自动应用于所选的单元格的格式，即在所选的单元格中符合条件的以一种格式显示，不符合条件的以另一种格式显示。设定条件格式，可以让用户基于单元格内容有选择地和自动地应用单元格格式

	A	B	C	D	E	F	G	H	I	J
2	日期	商品名称	单位	颜色	单价（元）	数量	折扣	销售金额（元）	付款方式	盈利（元）
3	2012年5月	T恤	件	白色	70	50	9.0	3150.00	现金	1512.00
4	2012年5月	休闲鞋	双	白色	180	15	8.5	2295.00	刷卡	1101.60
5	2012年5月	休闲鞋	双	白色	180	4	8.5	612.00	现金	293.76
6	2012年5月	休闲鞋	双	白深蓝	220	5	8.5	935.00	现金	448.80
7	2012年5月	球衣	套	不区分	150	10	9.5	1425.00	刷卡	684.00
8	2012年5月	运动裤	套	白色	85	22	9.5	1776.50	刷卡	852.72
9	2012年5月	休闲鞋	双	白深蓝	220	12	8.5	2244.00	刷卡	1077.12
10	2012年5月	跑鞋	双	军绿	330	5	7.0	1155.00	现金	554.40
11	2012年5月	跑鞋	双	白深蓝	230	10	7.0	1610.00	刷卡	772.80
12	2012年5月	跑鞋	双	白深蓝	230	18	7.0	2898.00	刷卡	1391.04
13	2012年5月	帽子	顶	卡其	38	35	9.0	1197.00	现金	574.56
14	2012年5月	帽子	顶	卡其	38	15	9.0	513.00	刷卡	246.24
15	2012年6月	运动裤	件	白色	85	30	8.5	2167.50	现金	1040.40
16	2012年6月	运动裤	件	白色	85		8.5	3612.50	刷卡	1734.00
17	2012年6月	休闲鞋	双					2880.00	刷卡	1382.40
18	2012年6月	休闲鞋	双					1440.00	现金	691.20
19	2012年6月	球衣	套		150			960.00	现金	460.80
20	2012年6月	球衣	套	不区分	150	35		4200.00	刷卡	2016.00
21	2012年6月	休闲鞋	双	白深蓝	220	15	8.0	2640.00	刷卡	1267.20
22	2012年6月	跑鞋	双	军绿	330	2	7.0	462.00	刷卡	221.76
23	2012年6月	跑鞋	双	白深蓝	230	5	7.0	805.00	现金	386.40
24	2012年6月	跑鞋	双	白深蓝	230	8	7.0	1288.00	刷卡	618.24
25	2012年6月	帽子	顶	卡其	38	30		912.00	现金	437.76

> 图中符合条件的单元格显示不同的颜色区别于不符合条件的单元格

Sheet1 Sheet2 Sheet3

工作经验小贴士

另外，应用条件格式还可以快速地标识不正确的单元格输入项或者特定类型的单元格，而使用一种格式（例如红色的单元格）来标识特定的单元格。

10.3.2 设定条件格式

为了避免输入中的一些麻烦，可以对一个单元格或者单元格区域应用条件格式。

1 选择单元格

选择设定条件格式的单元格区域，单击【开始】选项卡下【样式】选项组中的【条件格式】按钮，弹出如图所示的快捷菜单。

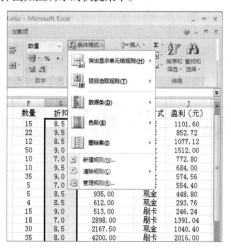

2 选择【突出显示单元格规则】菜单选项

选择【突出显示单元格规则】菜单选项，弹出如图所示的快捷菜单。

3 设置【介于】对话框

在【突出显示单元格规则】快捷菜单中选择【介于】选项，弹出【介于】对话框，设置介于"8.5~9.0"的折扣显示"浅红填充色深红色文本"。

工作经验小贴士

在【突出显示单元格规则】快捷菜单中用户可以根据需要选择大于、小于、介于、等于、文本包含以及发生日期等选项。

当然，在【条件格式】下拉列表中，用户还可以选择项目选取规则、数据条、色阶以及图标集等选项。

4 查看效果

单击【确定】按钮，即可查看效果，如下图所示。

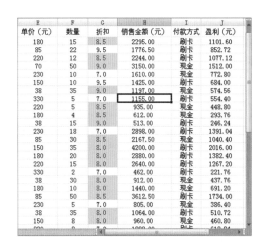

10.3.3 管理和清除条件格式

设定条件格式后，如果不满意，还可以对其进行管理和清除。

1. 管理条件格式

在"产品销售明细清单"工作表中管理条件格式的具体的操作步骤如下。

1 选择单元格区域

选择设置条件格式的区域，在【开始】选项卡中，单击【样式】选项组中的【条件格式】按钮，在弹出的下拉列表中选择【管理规则】选项。

2 管理条件格式

弹出【条件格式规则管理器】对话框，在此列出了所选区域的条件格式，可以在此新建、编辑和删除设置的条件规则。

工作经验小贴士

在【条件格式规则管理器】对话框中单击【新建规则】按钮，弹出【新建格式规则】对话框，可设置新建的规则格式，单击【编辑规则】按钮，弹出【编辑格式规则】对话框，可编辑规则格式。

2. 清除条件格式

除了在【条件格式规则管理器】对话框中删除规则外，还可以通过以下方式删除。

1 选择清除规则选项	2 清除条件格式效果
选择设置条件格式的区域，单击【样式】选项组中的【条件格式】按钮，在弹出的列表中选择【清除规则】▶【清除所选单元格的规则】选项。	清除条件格式后的效果如下图所示。

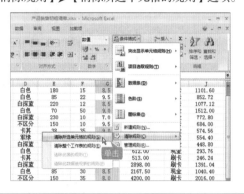

10.4 突出显示单元格效果

本节视频教学时间：3分钟

使用条件格式可以达到以下效果：突出显示所关注的单元格或单元格区域，强调异常值，使用数据条、颜色刻度和图标集来直观地显示数据。

1. 突出销售数量超过50的商品

下面将详细介绍如何在"产品销售明细清单"工作表中突出显示销售数量超过50的商品。

1 选择单元格区域	2 设置【大于】对话框并查看显示结果
首先选择如图所示的单元格区域。在【开始】选项卡中，选择【样式】选项组中的【条件格式】按钮，在弹出的下拉列表中选择【突出显示单元格规则】▶【大于】选项。	在弹出的【大于】对话框的文本框中输入"50"，在【设置为】下拉列表中选择【黄填充色深黄色文本】选项，设置完成后单击【确定】按钮，即可突出显示销售数量超过50的商品。

2. 突出"跑鞋"的销售详情

下面将详细介绍如何在"产品销售明细清单"工作表中突出显示跑鞋的销售详情。

1 选择单元格区域

在产品销售明细清单中选择单元格B列。在【开始】选项卡中，选择【样式】选项组中的【条件格式】按钮，在弹出的下拉列表中选择【突出显示单元格规则】▶【文本包含】选项。

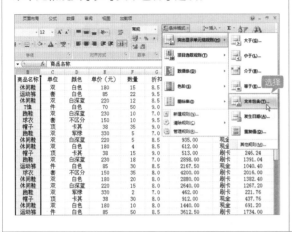

2 设置【大于】对话框并查看显示结果

在弹出的【文本中包含】对话框的文本框中输入"跑鞋"，在【设置为】下拉列表中选择【绿填充色深绿色文本】选项，设置完成后单击【确定】按钮，即可突出显示跑鞋的销售情况。

10.5 设置数据的有效性

本节视频教学时间：9分钟

在向工作表中输入数据时，为了防止输入错误的数据，可以为单元格设置有效的数据范围，限制用户只能输入制定范围内的数据，这样可以极大地减小数据处理操作的复杂性。

10.5.1 设置数字范围

一般情况下商品的折扣不会低于1折，通过设置折扣的有效性可以实现如果输入小于1或者输入大于10的数字就会给出错误的提示，以避免出现错误。

1 选择【数据有效性】选项

选择G列单元格，在【数据】选项卡中单击【数据工具】选项组中的【数据有效性】按钮，在下拉列表中选择【数据有效性】选项。

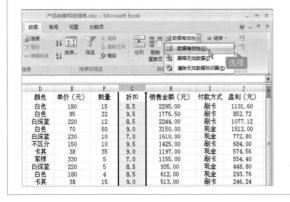

2 设置数据的有效性

在弹出的【数据有效性】对话框中【允许】下拉列表中选择【小数】选项，在【数据】下拉列表中选择【介于】选项，在【最小值】文本框中输入"1.0"，在【最大值】文本框中输入"10.0"。

3 输入折扣值

单击【确定】按钮，返回工作表。在G46单元格中输入"0"，然后按【Enter】键确认，弹出错误提示框。

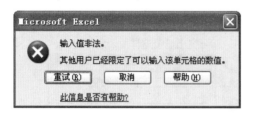

4 输入正确的折扣值

在G46单元格中正确的折扣价，这里输入"8.0"，按【Enter】键确认即可。

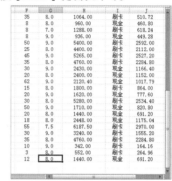

10.5.2 设置输入错误时的警告信息

如何才能使警告或提示的内容更具体呢？可以通过设置警告信息来实现。

1 选择单元格区域

接着第10.5.1小节操作，选择G3:G46单元格区域。

2 单击【数据有效性】按钮

在【数据】选项卡中，单击【数据工具】选项组中的【数据有效性】按钮，在弹出的下拉列表中选择【数据有效性】选项，弹出【数据有效性】对话框，选择【出错警告】选项卡。

3 设置数据的有效性

在【样式】下拉列表中选择【警告】选项，在【标题】和【错误信息】文本框中输入如图所示的内容，单击【确定】按钮。

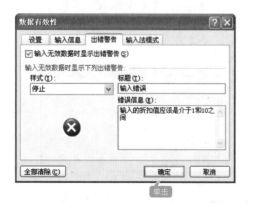

4 设置突出显示单元格规则

在G3:G46单元格区域将G16的单元格的内容删除，重新输入错误的折扣值。如果输入不符合要求的数字时，就会提示如图所示的警告信息。单击【重试】按钮，重新输入正确的折扣值。

10.5.3 设置输入前的提示信息

用户输入数据前，如果能够提示输入什么样的数据才是符合要求的，那么出错率就会大大降低。比如在输入折扣前，提示用户应输入正确的折扣值。

1 设置数据的有效性

选择单元格区域G3:G46。然后在【数据有效性】对话框中选择【输入信息】选项卡，在【标题】和【输入信息】文本框中，输入如图所示的内容。单击【确定】按钮，返回工作表。

2 出现提示效果

当单击单元格区域G3:G46的任一单元格时，就会提示如图所示的信息。这里单击单元格G30。

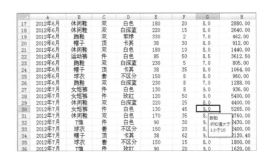

10.6 数据的分类汇总

本节视频教学时间：14分钟

分类汇总是对数据清单中的数据进行分类，在分类的基础上汇总。进行分类汇总时，用户不需要创建公式，系统会自动创建公式，对数据清单中的字段进行求和、求平均值和求最大值等函数运算。分类汇总的计算结果，将分级显示出来。

10.6.1 简单分类汇总

使用分类汇总的数据列表，每一列数据都要有列标题。Excel使用列标题来决定如何创建数据组，以及如何计算总和。在产品销售明细清单工作表中创建简单分类汇总的具体步骤如下。

1 设置【分类汇总】对话框

在【数据】选项卡中，单击【分级显示】选项组中的【分类汇总】按钮，弹出【分类汇总】对话框。在【分类字段】下拉列表中选择【日期】选项，然后在【汇总方式】下拉列表中选择【求和】选项，在【选定汇总项】列表框中单击选中【盈利（元）】复选框，并单击选中【汇总结果显示在数据下方】复选框。

2 显示分类汇总结果

单击【确定】按钮，进行分类汇总的效果如下图所示。

10.6.2 多重分类汇总

在Excel 2007中，可以根据两个或更多个分类项，对工作表中的数据进行分类汇总。在产品销售明细清单工作表中进行多重分类汇总的具体操作步骤如下。

工作经验小贴士

对数据进行分类汇总时需要注意：先按分类项的优先级对相关字段排序，再按分类项的优先级多次进行分类汇总。在后面进行分类汇总时，需撤消选中【分类汇总】对话框中的【替换当前分类汇总】复选框。

1 设置排序

按照第10.1.1小节操作，然后使用自定义排序对I列单元格区域进行排序，设置如图所示。

2 显示排序效果

设置完成之后，单击【确定】按钮，即可对I列进行排序，效果如图所示。

3 设置分类汇总

单击【分级显示】选项组中的【分类汇总】按钮，弹出【分类汇总】对话框。在【分类字段】下拉列表中选择【付款方式】选项，在【汇总方式】下拉列表中选择【求和】选项，在【选定汇总项】列表框中单击选中【销售金额】复选框，单击选中【替换当前分类汇总】和【汇总结果显示在数据下方】复选框，单击【确定】按钮。

4 显示分类汇总结果

进行分类汇总后的工作表如图所示。

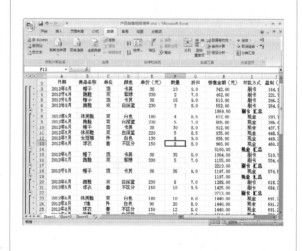

5 再次设置分类汇总

再次单击【分类汇总】按钮，弹出【分类汇总】对话框。在【分类字段】下拉列表中选择【付款方式】选项，在【汇总方式】下拉列表中选择【最大值】选项，在【选定汇总项】列表框中单击选中【盈利】复选框，并撤消选中【替换当前分类汇总】复选框。

6 显示分类汇总效果

单击【确定】按钮，此时即可建立两重分类汇总。

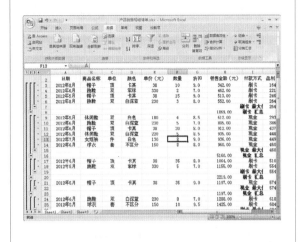

10.6.3 分级显示数据

在建立的分类汇总工作表中，数据是分级显示的，并在左侧显示级别。如进行多重分类汇总后，在工作表的左侧列表中显示了4级分类。

1 显示一级数据

单击 **1** 按钮，则显示一级数据，即汇总项的最大值。

2 显示二级数据

单击 **2** 按钮，则显示一级和二级数据，即现金汇总和刷卡汇总的最大值。

| 3 | 显示三级数据 | 4 | 显示四级数据 |

3 显示三级数据

单击 3 按钮，则显示一二三级数据，即对现金和刷卡盈利最大值的汇总。

4 显示四级数据

单击 4 按钮，则显示所有汇总的详细信息。

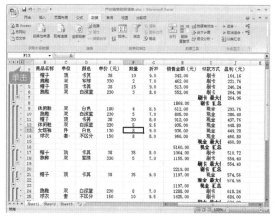

10.6.4 清除分类汇总

如果不再需要分类汇总，可以将其清除。

1 单击【分类汇总】按钮

接10.6.3小节的操作，选择分类汇总后工作表数据区域内的任一单元格。在【数据】选项卡中，单击【分级显示】选项组中的【分类汇总】按钮，弹出【分类汇总】对话框。

2 清除分类汇总效果

单击【全部删除】按钮，即可清除分类汇总。选择【文件】▶【保存】即可将其保存。

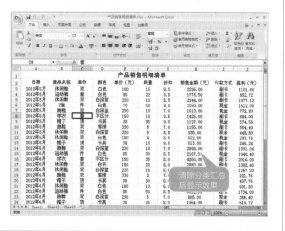

10.7 合并计算

本节视频教学时间：6分钟

在Excel 2007中，若要汇总多个工作表结果，可以将数据合并到一个主工作表中，以便对数据进行更新和汇总。

1 选择"金额1"单元格区域

　　选择"金额1"工作表的单元格区域H3:H13，在【公式】选项卡中，单击【定义的名称】选项组中的【定义名称】按钮，弹出【新建名称】对话框，在【名称】文本框中输入"金额1"，单击确定【确定】按钮。

2 选择"金额2"单元格区域

　　选择"金额2"工作表的单元格区域H14:H26，在【公式】选项卡中，单击【定义的名称】选项组中的【定义名称】按钮，弹出【新建名称】对话框，在【名称】文本框中输入"金额2"，单击【确定】按钮。

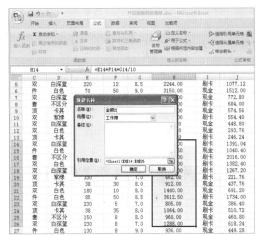

3 设置【合并计算】对话框

　　选择"金额1"工作表中的单元格，在【数据】选项卡中，单击【数据工具】选项组中的【合并计算】按钮，在弹出的【合并计算】对话框的【引用位置】文本框中输入"金额2"，单击【添加】按钮，把"金额2"添加到【所有引用位置】列表框中。

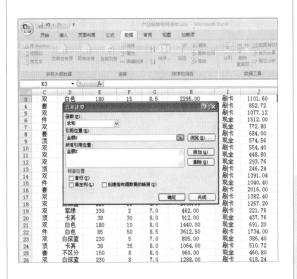

4 单击【确定】按钮

　　单击【确定】按钮，即可将名称为"金额2"的区域合并到"金额1"区域中。

工作经验小贴士

　　合并前要确保每个数据区域都采用列表格式，第一行中的每列都具有标签，同一列中包含相似的数据，并且在列表中没有空行或空列。

高手私房菜

技巧：限制只能输入固定电话

固定电话号码（不含区号）只有7位或8位数字，可以通过设置数据有效性来限制输入。

1 选择数据的有效性

选择需要设置数据有效性的单元格区域（如B列），在【数据】选项卡中，单击【数据工具】选项组中的【数据有效性】按钮，在弹出的下拉列表中选择【数据有效性】选项，弹出【数据有效性】对话框，然后按照下图进行设置。

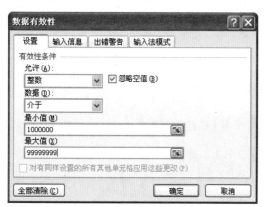

2 设置数据有效性

如图所示设置【出错警告】选项卡，然后单击【确定】按钮。

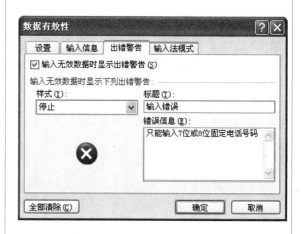

3 弹出出错警告

输入错误就会弹出出错警告框。

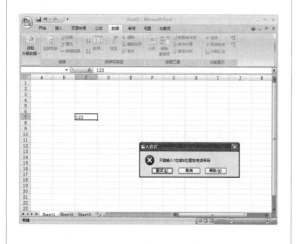

4 输入正确的固定电话号码

输入合理的电话号码就不会弹出出错警告。

第11章

查看与打印工作表
——打印员工基本资料表

 本章视频教学时间：54分钟

掌握报表的各种查看方式，可以快速地找到自己想要的信息。而将报表打印出来，还是目前较普遍的审阅途径。

【学习目标】

通过本章的学习，可以掌握各种查看方式，以及打印文件的技巧。

【本章涉及知识点】

掌握查看报表的方式

掌握打印页面的设置方法

了解打印工作表的方法

11.1 使用视图方式查看

 本节视频教学时间：7分钟

在Excel 2007中，可以以各种视图方式查看工作表，每种视图的特点也各不相同。

11.1.1 普通查看

普通视图是默认的查看方式，即对工作表的视图不做任何修改。可以使用右侧的垂直滚动条和下方的水平滚动条来浏览当前窗口显示不完全的数据。

1 使用垂直滚动条查看

打开随书光盘中的"素材\ch11\员工基本资料表.xlsx"在当前窗口中即可浏览数据，单击右侧的垂直滚动条并向下拖动，即可浏览下面的数据。

2 使用水平滚动条查看

单击下方的水平滚动条并向右拖动，即可浏览右侧的数据。

11.1.2 按页面查看

可以使用页面布局视图查看工作表，显示的页面布局即是打印出来的工作表形式，可以在打印前查看每页数据的起始位置和结束位置。

1 单击【页面布局】按钮

选择【视图】选项卡，单击【工作簿视图】选项组中的【页面布局】按钮，即可将工作表设置为页面布局形式。

2 隐藏空白区域

将鼠标指针移动到页面的中缝处，指针变成"隐藏空格"形状时单击，即可隐藏空白区域，只显示有数据的部分。

3 打开【分页预览】对话框

如果要调整每页显示的数据量，可以调整页面的大小。选择【视图】选项卡，单击【工作簿视图】选项组中的【分页预览】按钮 分页预览，弹出【欢迎使用"分页预览"视图】对话框，单击【确定】按钮。

4 "分页预览"视图

视图即可切换为"分页预览"视图。

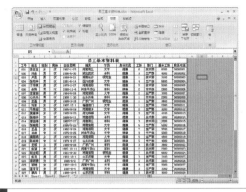

5 调整页面范围

将鼠标指针放至蓝色的虚线处，指针变成 ✛ 形状时单击并拖动，可以调整每页的范围。

6 分页效果

再次切换到页面布局视图，即可显示为新的分页情况。

11.1.3 全屏查看

以全屏方式查看，可以将Excel窗口中的功能区、标题栏、状态栏等隐藏起来，最大化地显示数据区域。

1 单击【全屏显示】按钮

切回普通视图，选择【视图】选项卡，单击【工作簿视图】选项组中的【全屏显示】按钮 全屏显示，即可全屏显示数据区域。

2 使用快捷键退出

按键盘中的【Esc】键即可返回普通的视图模式。

11.2 对比查看数据

本节视频教学时间：8分钟

如果需要对比不同区域中的数据，可以在多窗口中查看，也可以拆分查看数据。

11.2.1 在多窗口中查看

可以通过新建1个同样的工作簿窗口，再将两个窗口并排进行查看、比较，查找需要的数据。

1 新建窗口

选择【视图】选项卡，单击【窗口】选项组中的【新建窗口】按钮 新建窗口，即可新建1个名为"员工基本资料表.xlsx:2"的同样的窗口，源窗口名称会自动改为"员工基本资料表.xlsx:1"。

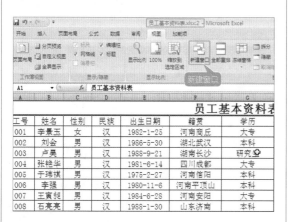

2 单击【并排查看】按钮

选择【视图】选项卡，单击【窗口】选项组中的【并排查看】按钮 并排查看，即可将两个窗口并排放置。

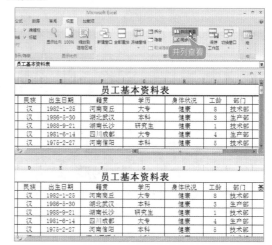

3 单击【同步滚动】按钮

单击【窗口】选项组中的【同步滚动】按钮 同步滚动，拖动其中1个窗口的滚动条时，另1个也会同步滚动。

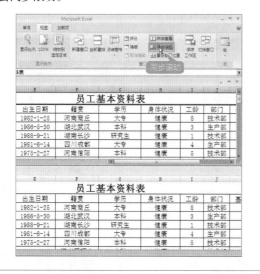

4 【垂直并排】效果

单击【全部重排】按钮 ，弹出【重排窗口】对话框，选中【垂直并排】单选项，单击【确定】按钮即可。

工作经验小贴士

单击【关闭】按钮 ，即可返回到普通视图。

11.2.2 拆分查看

拆分查看是指在选定单元格的左上角处拆分为4个窗格，可以分别拖动水平和垂直滚动条来查看各个窗格的数据。

1 单击【拆分】按钮

选择任意一个单元格，选择【视图】选项卡，单击【窗口】选项组中的【拆分】按钮，即可在选择的单元格左上角处拆分出4个窗格。

性别	民族	出生日期	籍贯	学历	身体状况
女	汉	1982-1-25	河南商丘	大专	健康
男	汉	1986-5-30	湖北武汉	本科	健康
男	汉	1988-9-21	湖南长沙	研究生	健康
男	汉	1981-6-14	四川成都	大专	健康
男	汉	1975-2-27	河南信阳	大专	健康
男	汉	1980-11-6	河南平顶山	本科	健康
男	汉	1984-6-28	河南安阳	大专	健康
男	汉	1988-1-30	山东济南	大专	健康
男	汉	1985-3-15	广东广州	研究生	健康
女	汉	1987-12-1	福建龙岩	大专	健康
女	汉	1985-9-19	河北邯郸	大专	健康
女	汉	1985-9-20	河南信阳	大专	健康
女	汉	1988-5-11	河南信阳	本科	健康
男	汉	1987-7-22	河南商丘	本科	健康
女	汉	1985-9-23	河南安阳	大专	健康
女	汉	1982-9-24	河南信阳	大专	健康

2 改变显示范围

窗口中有两个水平滚动条和两个垂直滚动条，拖动即可改变各个窗格的显示范围。

大专	健康	大专	健康	2	生产部
本科	健康	本科	健康	1	技术部
研究生	健康	研究生	健康	1	生产部
大专	健康	大专	健康	2	生产部
大专	健康	大专	健康	3	生产部
本科	健康	本科	健康	1	技术部
本科	健康	本科	健康	3	技术部
大专	健康	大专	健康	5	生产部
研究生	健康	研究生	健康	1	生产部
大专	健康	大专	健康	2	生产部
大专	健康	大专	健康	3	生产部
本科	健康	本科	健康	1	技术部
本科	健康	本科	健康	3	技术部
大专	健康	大专	健康	5	生产部
大专	健康	大专	健康	7	生产部

11.3 查看其他区域的数据

本节视频教学时间：11分钟

如果工作表中的数据过多，而当前屏幕中只能显示一部分数据，如果要浏览其他区域的数据，除了使用普通视图中的滚动条，还可以使用以下的方式查看。

11.3.1 冻结查看

冻结查看是指将指定区域冻结、固定，滚动条只对其他区域的数据起作用。

1 选择【冻结首行】选项

切换之普通视图，选择【视图】选项卡，单击【窗口】选项组中的【冻结窗格】按钮，在弹出的列表中选择【冻结首行】选项，在首行下方会显示1条黑线，并固定首行。

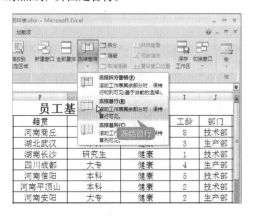

2 首行显示

向下拖动垂直滚动条，首行则一直会显示在当前窗口中。

	A	B	C	D	E
1					
11	琛		男	汉	1985-3-15
12	010	刘京	女	汉	1987-12-1
13	011	马孝超	女	汉	1985-9-19
14	012	黄嘉祥	女	汉	1985-9-20
15	013	张艳祥	女	汉	1988-5-11
16	014	唐国涛	男	汉	1987-7-22
17	015	张晓霞	女	汉	1985-9-23
18	016	王晶	女	汉	1982-9-24
19	017	孙岩	女	汉	1975-9-25
20	018	康丽娟	女	汉	1985-9-26
21	019	陈晓婷	女	汉	1979-9-27
22	020	王琛	女	汉	1985-9-28
23	021	张慧	女	汉	1985-10-11
24	022	赵金韬	男	汉	1981-9-30
25	023	张良	男	汉	1983-10-1

3 选择【取消冻结首行】选项

在【冻结窗格】下拉列表中选择【取消冻结窗格】选项，即可恢复到普通状态。

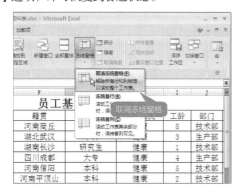

4 选择【冻结首列】选项

在【冻结窗格】下拉列表中选择【冻结首列】选项，在首列右侧会显示1条黑线，并固定首列。

5 选择【冻结拆分窗格】选项

选择【取消冻结窗格】选项，再选择单元格C3，在【冻结窗格】列表中选择【冻结拆分窗格】选项。

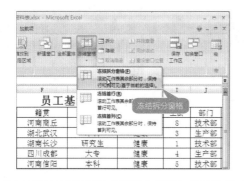

6 【冻结拆分窗格】效果

选择【冻结拆分窗格】选项后，即可冻结C3单元格上面的行和左侧的列。

11.3.2 缩放查看

缩放查看是指将所有的区域或选定的区域缩小或放大，以便显示需要的数据信息。

1 单击【显示比例】按钮

取消【冻结拆分窗格】，选择【视图】选项卡，单击【显示比例】选项组中的【显示比例】按钮，弹出【显示比例】对话框。

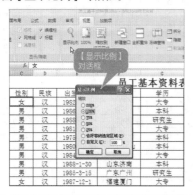

2 【75%】单选项

选中【75%】单选项，单击【确定】按钮，当前区域即可缩至原来大小的75%，其效果如图所示。

3 选中【恰好容纳选定区域】单选项

在工作表中选择一部分区域，在【显示比例】对话框中选中【恰好容纳选定区域】单选项，选择的区域则可最大化地显示到当前窗口中。

4 单击【缩放到选定区域】按钮

选定一部分区域，然后单击【显示比例】选项组中的【缩放到选定区域】按钮 ，则会达到和步骤3一样的效果。

11.3.3 隐藏和查看隐藏

可以将不需要显示的行或列隐藏起来，需要时再显示出来。

1 选择【隐藏】菜单命令

在"员工基本资料表"中选择B、C、D三列，在选择的列中的任意地方单击鼠标右键，在弹出的快捷菜单中选择【隐藏】菜单命令。

2 隐藏所选内容

即可隐藏所选择的这3列。

工作经验小贴士

需要显示出隐藏的内容时，选择A、E列并单击鼠标右键，在弹出的快捷菜单中选择【取消隐藏】菜单命令，即可显示隐藏的内容。

11.4 添加打印机

本节视频教学时间：16分钟

要打印工作表，首先得有打印机，可以使用连接到本地计算机中的打印机，也可以使用网络中的打印机等。

1. 添加本地打印机

添加本地打印机，使用打印机中自带的驱动光盘安装驱动的具体步骤如下。

1 打开【控制面板】窗口

在计算机中单击【开始】按钮，选择【控制面板】选项，打开【控制面板】窗口。

2 打开【打印机和传真】窗口

在打开的【控制面板】窗口中双击【打印机和传真】选项，打开【打印机和传真】窗口。

3 【添加打印机向导】对话框

单击左侧的【添加打印机】选项，弹出【添加打印机向导】对话框，单击【下一步】按钮，即可检测并安装打印机。

4 完成安装

安装完成会提示是否将此打印机设为默认打印机，选中【是】单选按钮，单击【下一步】按钮，即可完成打印机的添加。

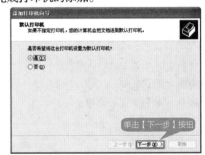

2. 添加网络中的打印机

如果打印机没有与本地计算机连接，而与局域网中的某台计算机连接，也可添加使用这台打印机。

1 浏览打印机

在上面的步骤3中，单击选中【网络打印机或连接到其他计算机的打印机】单选项。单击【下一步】按钮，在弹出的【指定打印机】界面单击选中【浏览打印机】单选项，单击【下一步】按钮。

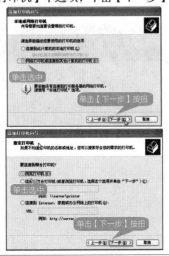

2 选择打印机

在【浏览打印机】界面选择要添加的打印机，单击【下一步】按钮，即可开始安装。

工作经验小贴士

之后的安装方法和添加本地打印机相同，这里不再赘述。

11.5 设置打印页面

 本节视频教学时间：7分钟

设置打印页面是对已经编辑好的文档进行版面设置，以达到满意的打印效果。合理的版面设置不仅可以提高版面的品味，而且可以节约办公费用的开支。

11.5.1 页面设置

在对页面进行设置时，可以对工作表的比例、打印方向等进行设置，【页面布局】选项卡下【页面设置】组中按钮的具体作用如下。

在【页面布局】选项卡中，单击【页面设置】选项组中的按钮，可以对页面进行相应的设置。

(1)【页边距】按钮：可以设置整个文档或当前页面边距的大小。

(2)【纸张方向】按钮：可以切换页面的纵向布局和横向布局。

(3)【纸张大小】按钮：可以选择当前页的页面大小。

(4)【打印区域】按钮：可以标记要打印的特定工作表区域。

(5)【分隔符】按钮：在所选内容的左上角插入分页符。

(6)【背景】按钮：可以选择一幅图像作为工作表的背景。

(7)【打印标题】按钮：可以指定在每个打印页重复出现的行和列。

除了使用以上7个按钮进行页面设置操作外，还可以在【页面设置】对话框中对页面进行设置。

1 页面设置

在【页面布局】选项卡中，单击【页面设置】选项组右下角的按钮。

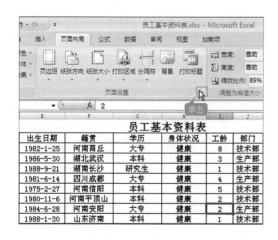

2 【页面】选项卡

弹出【页面设置】对话框，选择【页面】选项卡，然后进行相应的页面设置。

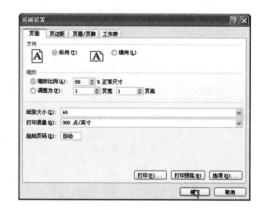

11.5.2 设置页边距

页边距是指纸张上打印内容的边界与纸张边沿间的距离。

1 页面设置

在【页面设置】对话框中，选择【页边距】选项卡可对页边距进行多项设置，设置完成之后单机【确定】按钮即可，如下图所示。

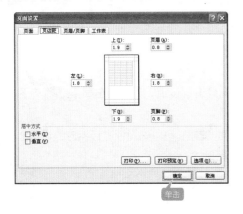

2 【页面布局】选项卡

在【页面布局】选项卡中，单击【页面设置】选项组中的【页边距】按钮，在弹出的下拉菜单中选择一种内置的布局方式，也可以快速地设置页边距。

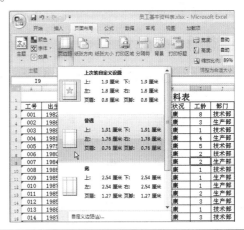

11.5.3 设置页眉页脚

页眉位于页面的顶端，用于标明名称和报表标题。页脚位于页面的底部，用于标明页号、打印日期和时间等。

设置页眉和页脚的具体步骤如下。

1 页面设置

单击【页面布局】选项卡【页面设置】选项组右下方的 按钮。

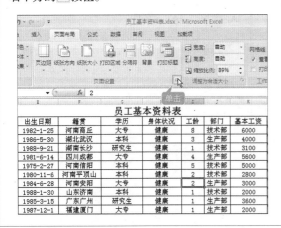

2 【页眉/页脚】选项卡

弹出【页面设置】对话框，选择【页眉/页脚】选项卡，从中可以添加、删除、更改和编辑页眉/页脚。

1. 使用内置页眉页脚

Excel提供有多种页眉和页脚的格式。如果要使用内部提供的页眉和页脚的格式，可以在【页眉】和【页脚】下拉列表中选择需要的格式。

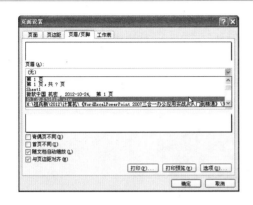

工作经验小贴士

页眉和页脚并不是实际工作表的一部分，设置的页眉页脚不显示在普通视图中，但可以打印出来。

2. 自定义页眉页脚

如果现有的页眉和页脚格式不能满足需要，可以自定义页眉或页脚，进行个性化设置。

在【页面设置】对话框中选择【页眉/页脚】选项卡，单击【自定义页眉】按钮，弹出【页眉】对话框。

【页眉】对话框中各个按钮和文本框的作用如下。

(1)【格式文本】按钮 A：单击该按钮，弹出【字体】对话框，可以设置字体、字号、下划线和特殊效果等。

(2)【插入页码】按钮：单击该按钮，可以在页眉中插入页码，添加或者删除工作表时Excel会自动更新页码。

(3)【插入页数】按钮：单击该按钮，可以在页眉中插入总页数，添加或者删除工作表时Excel会自动更新总页数。

(4)【插入日期】按钮：单击该按钮，可以在页眉中插入当前日期。

(5)【插入时间】按钮：单击该按钮，可以在页眉中插入当前时间。

(6)【插入文件路径】按钮：单击该按钮，可以在页眉中插入当前工作簿的绝对路径。

(7)【插入文件名】按钮：单击该按钮，可以在页眉中插入当前工作簿的名称。

(8)【插入数据表名称】按钮：单击该按钮，可以在页眉中插入当前工作表的名称。

(9)【插入图片】按钮：单击该按钮，弹出【插入图片】对话框，从中可以选择需要插入页眉中的图片。

(10)【左】文本框：输入或插入的页眉注释将出现在页眉的左上角。

(11)【中】文本框：输入或插入的页眉注释将出现在页眉的正上方。

(12)【右】文本框：输入或插入的页眉注释将出现在页眉的右上角。

在【页面设置】对话框中单击【自定义页脚】按钮，弹出【页脚】对话框。

该对话框中各个选项的作用可以参考【页眉】对话框中各个选项的作用。

11.5.4 设置打印区域

默认状态下，Excel会自动选择有文字的行和列的区域作为打印区域。如果希望打印某个区域内的数据，可以在【打印区域】文本框中输入要打印区域的单元格区域名称，或者用鼠标选择要打印的单元格区域。

1. 页面设置

单击【页面布局】选项卡中【页面设置】组中的 按钮，弹出【页面设置】对话框，选择【工作表】选项卡。

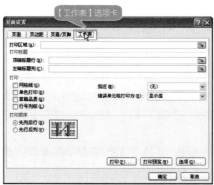

2.【页面】选项卡

设置相关的选项，然后单击【确定】按钮即可。

【工作表】选项卡中各个按钮和文本框的作用如下。

(1)【打印区域】文本框：用于选定工作表中要打印的区域。

(2)【打印标题】区域：当使用内容较多的工作表时，需要在每页的上部显示行或列标题。单击【顶端标题行】或【左端标题行】右侧的 按钮，选择标题行或列，即可使打印的每页上都包含行或列标题。

(3)【打印】区域：包括【网格线】、【单色打印】、【草稿品质】、【行号列标】等复选框，以及【批注】和【错误单元格打印为】两个下拉列表。

(4)【打印顺序】区域：选中【先列后行】单选项，表示先打印每页的左边部分，再打印右边部分；选中【先行后列】单选项，表示在打印下页的左边部分之前，先打印本页的右边部分。

工作经验小贴士

在工作表中选择需要打印的区域，单击【页面布局】选项卡中【页面设置】组中的【打印区域】按钮，在弹出的列表中选择【设置打印区域】选项，即可快速将此区域设置为打印区域。要取消打印区域设置，选择【取消打印区域】选项即可。

工作经验小贴士

【网格线】复选框：设置是否显示描绘单元格的网格线。

【单色打印】复选框：指定在打印过程中忽略工作表的颜色。如果是彩色打印机，单击选中该复选框可以减少打印的时间。

【草稿品质】复选框：快速的打印方式，打印过程中不打印网格线、图形和边界，同时也会降低打印的质量。

【行号列标】复选框：设置是否打印窗口中的行号和列标。默认情况下，这些信息是不打印的。

【批注】下拉列表：用于设置打印单元格批注。可以在下拉列表中选择打印的方式。

11.6 打印工作表

 本节视频教学时间：5分钟

打印的功能是指将编辑好的文本通过打印机打印出来。通过打印预览的所见即所得功能，看到的实际打印效果。如果对打印的效果不满意，可以重新对打印页面进行编辑和修改。

11.6.1 打印预览

用户可以在打印之前查看文档的版面布局，在打印输出之前通过设置得到最佳效果。

1【打印预览】选项

单击【Office】按钮，在弹出的列表中选择【打印】▶【打印预览】选项。

2 显示边距

如图所示，查看预览效果，单击选中【预览】选项组中的【显示边距】复选框，即可显示边距。

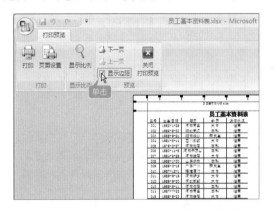

 工作经验小贴士

在预览窗口的下面，会显示当前的页数和总页数。滑动右侧的滑动条或者单击【预览】选项组中的【上一页】、【下一页】就可以预览每一页的打印内容。

11.6.2 打印当前工作表

页面设置好，就可以打印输出了。在上述【打印预览】界面中，单击【打印】选项组中的【打印】按钮，弹出【打印内容】对话框，在【份数】对话框中输入"4"，设置为4份，其余保持默认状态，单击【确定】按钮即可。

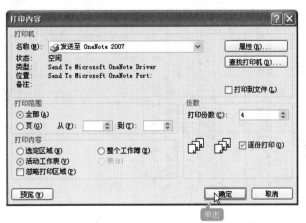

11.6.3 仅打印指定区域

如果仅打印工作表的一部分，可以对当前工作表进行设置。设置打印指定区域的具体步骤如下。

1 单击【页面设置:工作表】按钮

单击【页面布局】选项卡下【工作表选项】选项组中的单击【页面设置:工作表】按钮 。

2 【页面设置】对话框

弹出【页面设置】对话框，单击【打印区域】文本框右侧的 按钮。

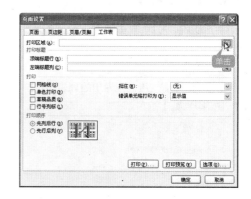

 工作经验小贴士

如需要打印部分数据时，可以在选择其中某一个单元格后，按【Shift】键的同时再单击所需要的下一单元格；也可使用鼠标拖曳的形式选择需要打印的部分数据。

3 选择打印区域

在工作表中选择需要打印的区域，然后单击【页面设置−打印区域】文本框右侧的 按钮。

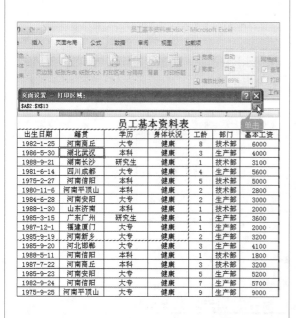

4 单击【打印】按钮

返回【页面设置】对话框，单击【打印】按钮。

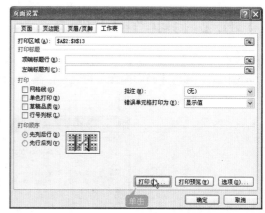

5 设置打印份数

弹出【打印内容】对话框，设置打印份数为5份，单击【确定】按钮。

6 开始打印

开始打印，弹出【打印】提示框。

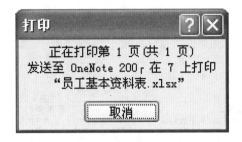

举一反三

不同作用的文档，对打印效果的要求也不同，对于某些不太重要的文档，就可以使用省墨的方式来打印，从而节省办公耗材。

 高手私房菜

技巧1：显示未知的隐藏区域

如果不知道哪行或哪列被隐藏了，而工作表中的数据又多，如何才能快速地显示所有的数据信息？具体的操作步骤如下。

1 全选按扭

单击工作区左上角的 ▭ 按扭，即可选择所有的单元格。

2 拖动显示列

将鼠标指针放在任意两列之间，当指针变成 ╋ 形状时单击，拖曳鼠标，使列宽扩大。

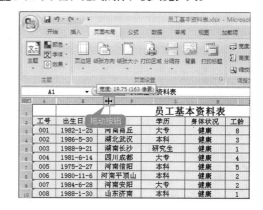

3 显示所隐藏的列

所隐藏的列则可显示出来，如图所示。

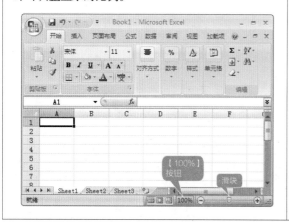

工作经验小贴士

显示所隐藏的行方法和显示隐藏列的方法类似。

技巧2：通过状态栏调整比例

可以通过状态栏快速地调整工作表的显示比例。

1 通过【显示比例】滑块调整

拖曳状态栏中的【显示比例】滑块 ⊖▭⊕，即可调整显示的比例。

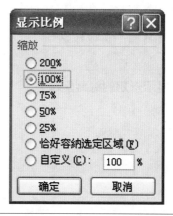

2 通过【显示比例】对话框调整

单击状态栏中的【100%】按钮，在弹出的【显示比例】对话框中可以进行详细的设置。

第12章

PowerPoint 2007 的基本操作
——制作大学生演讲与口才实用技巧 PPT

 本章视频教学时间：38 分钟

PowerPoint 2007是微软公司推出的Office 2007办公系列软件的一个重要组成部分，主要用于幻灯片的制作。本章中介绍的"大学生演讲与口才实用技巧PPT"是较简单的幻灯片，主要涉及PPT制作的基本操作。

【学习目标】

通过本章的学习，了解 PPT 的基本操作。

【本章涉及知识点】

PowerPoint 2007 的工作界面

幻灯片的基本操作

输入文本

设置文字样式

设置段落格式

12.1 PPT制作的最佳流程

PPT制作，不仅靠技术，而且靠创意、理念及内容的展现方式。以下是制作PPT的最佳流程，在掌握了基本操作之后，再结合这些流程，进一步融合独特的想法和创意，就可以制作出与从不同的PPT了。

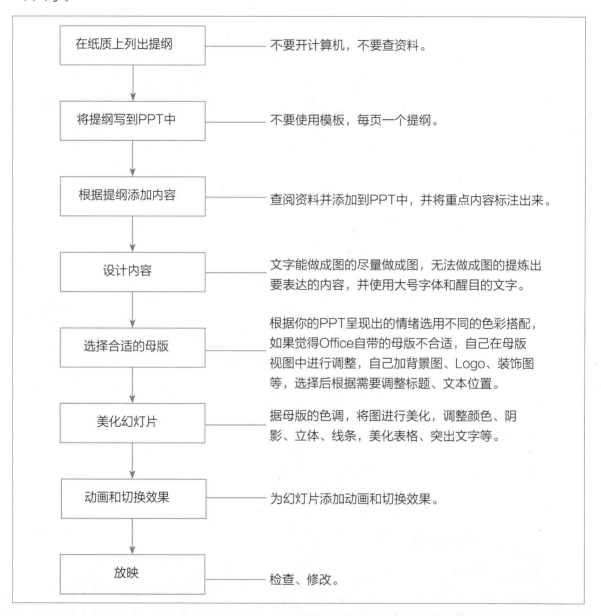

12.2 启动PowerPoint 2007

启动PowerPoint 2007软件之后，系统即可自动创建PPT演示文稿。一般来说可以通过【开始】菜单和桌面快捷方式两种方法启动PowerPoint 2007软件。

1 从【开始】菜单启动

　　单击任务栏中的【开始】按钮，在弹出的【开始】菜单中选择【所有程序】列表中的【Microsoft Office】▶【Microsoft PowerPoint 2007】选项启动 PowerPoint 2007。

2 从桌面快捷方式启动

　　双击桌面上的PowerPoint 2007快捷图标，即可启动PowerPoint 2007。

工作经验小贴士

　　使用快捷方式打开工作簿是较简单的方法，但是不是所有的程序都可以通过快捷方式打开。

12.3　认识PowerPoint 2007的工作界面

本节视频教学时间：7分钟

　　PowerPoint 2007的工作界面由快速访问工具栏、标题栏、【Office】按钮、功能区、工作区、【大纲】选项卡、状态栏和视图栏等组成，如下图所示。

1.快速访问工具栏

　　快速访问工具栏位于PowerPoint 2007工作界面的左上角，由最常用的工具按钮组成。如【保存】按钮、【撤消】按钮和【恢复】按钮等。单击快速访问工具栏的按钮，可以快速实现其相应的功能。

2.标题栏

标题栏位于快速访问工具栏的右侧，主要用于显示正在使用的文档名称、程序名称及窗口控制按钮等。

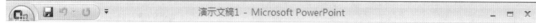

在上图所示的标题栏中，"演示文稿1"即为正在使用的文档名称，正在使用的程序名称是Microsoft PowerPoint。当文档被重命名后，标题栏中显示的文档名称也随之改变。

位于标题栏右侧的窗口控制按钮包括【最小化】按钮 、【最大化】按钮 （或【向下还原】按钮 ）和【关闭】按钮 。当PowerPoint 2007工作界面最大化时，【最大化】 按钮显示为【向下还原】按钮 ；当PowerPoint 2007工作界面被缩小时，【向下还原】按钮 则显示为【最大化】按钮 。

3.【Office】按钮

【Office】按钮位于功能区选项卡的左侧，单击此按钮弹出如图所示的下拉菜单，其中主要包括【新建】、【打开】、【保存】、【另存为】、【打印】、【准备】、【发送】、【发布】和【关闭】命令。

单击【保存】或【另存为】选项，弹出【另存为】对话框，在【文件名】文本框中输入文件名，然后选择文件的保存类型后单击【确定】按钮。

工作经验小贴士

这里将演示文稿命名为"大学生演讲与口才实用技巧PPT"，方便后面的使用。

工作经验小贴士

在这里，我们是对新建的演示文稿进行保存操作，弹出【另存为】对话框，但是如果文档不是第一次保存，单击【保存】按钮后不再弹出【另存为】对话框。

4.功能区

在PowerPoint 2007中，PowerPoint 2003及更早版本中的菜单栏和工具栏上的命令和其他菜单项已被功能区取代。功能区位于快速访问工具栏的下方，通过功能区可以快速找到完成某项任务所需要的命令。

功能区主要包括功能区中的选项卡、各选项卡所包含的组及各组中所包含的命令或按钮。除了【文件】选项卡，主要包括【开始】、【插入】、【设计】、【转换】、【动画】、【幻灯片放映】、【审阅】、【视图】和【加载项】等9个选项卡。

5. 工作区

PowerPoint 2007的工作区包括位于左侧的【幻灯片/大纲】窗格、位于右侧的【幻灯片】窗格和【备注】窗格。

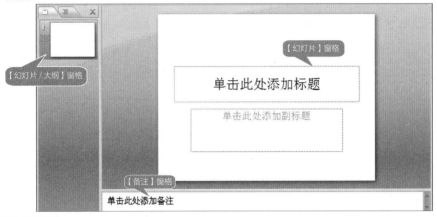

6.【大纲】选项卡

【大纲】选项卡以大纲形式显示幻灯片文本，有助于编辑演示文稿的内容和移动项目符号点或幻灯片。

编辑演示文稿中的内容可以直接在【大纲】选项卡中显示的文字内容中进行修改，也可以在右侧的【幻灯片】选项卡中直接编辑。

 工作经验小贴士

如果仅希望在【幻灯片】窗格中观看当前的幻灯片，可以将【幻灯片/大纲】窗格暂时关闭。在编辑中，通常需要将【幻灯片/大纲】窗格显示出来。单击【视图】选项卡的【演示文稿视图】组中的【普通视图】按钮即可恢复【幻灯片/大纲】窗格。

7. 状态栏和视图栏

状态栏和视图栏位于当前窗口的最下方，用于显示当前文档页、总页数、该幻灯片使用的主题、输入法状态、视图按钮组、显示比例和调节页面显示比例的控制杆等。其中，单击【视图】按钮可以在视图中进行相应的切换。

在状态栏上单击鼠标右键，弹出【自定义状态栏】快捷菜单。通过该快捷菜单，可以设置状态栏中要显示的内容。

12.4 幻灯片的基本操作

本节视频教学时间：4分钟

将演示文稿保存为"大学生演讲与口才实用技巧"之后，还可以对文稿中的幻灯片进行操作，如新建幻灯片、为幻灯片应用布局等。

12.4.1 新建幻灯片

创建的演示文稿中，默认的只有一张幻灯片，可以根据需要，创建多张幻灯片。

1. 通过功能区的【开始】选项卡新建幻灯片

1 单击【新建幻灯片】按钮

单击【开始】选项卡，在【幻灯片】组中单击【新建幻灯片】按钮 即可直接新建一个幻灯片。

2 查看新建的幻灯片

系统即可自动创建一个新幻灯片，且其缩略图显示在【幻灯片/大纲】窗格中。

2. 使用鼠标右键新建幻灯片

也可以使用单击鼠标右键的方法新建幻灯片。

1 选择【新建幻灯片】菜单命令

在【幻灯片/大纲】窗格的【幻灯片】选项卡下的缩略图上或空白位置单击鼠标右键，在弹出的快捷菜单中选择【新建幻灯片】菜单命令。

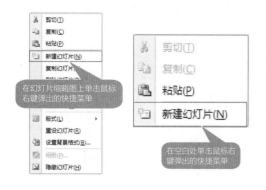

2 选择幻灯片样式

系统即可自动创建一个新幻灯片，且其缩略图显示在【幻灯片/大纲】窗格中。

3. 使用快捷键新建幻灯片

使用【Ctrl+M】组合键也可以快速创建新的幻灯片。

12.4.2 为幻灯片应用布局

在"大学生演讲与口才实用技巧"演示文稿中，随演示文稿自动创建的幻灯片自动出现的单个幻灯片有2个占位符。如新建的幻灯片格式不是我们需要的可以对其进行应用布局。

1 通过【开始】选项卡为幻灯片应用布局	**2** 使用鼠标右键为幻灯片应用布局
单击【开始】选项卡，在【幻灯片】组中单击【新建幻灯片】按钮 ，从弹出的下拉菜单中可以选择所要使用的Office主题，即可为幻灯片布局。	在【幻灯片/大纲】窗格中的【幻灯片】选项卡下的缩略图上单击鼠标右键，在弹出的快捷菜单中选择【版式】菜单命令，从其子菜单汇总选择要应用的新的布局。

12.4.3 删除幻灯片

创建幻灯片之后，发现不需要那么多张幻灯片，也可以直接选择【删除幻灯片】菜单命令。

在【幻灯片/大纲】窗格的【幻灯片】选项卡下，在第3张幻灯片的缩略图上单击鼠标右键，在弹出的菜单中选择【删除幻灯片】菜单命令，幻灯片将被删除，在【幻灯片/大纲】窗格的【幻灯片】选项卡也不再显示。此外，还可以通过【开始】选项卡的【剪贴板】组中的【剪贴】命令直接完成幻灯片的删除。

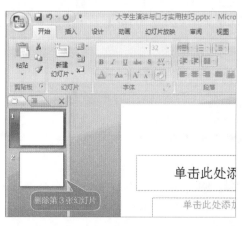

12.5 输入文本

 本节视频教学时间：5分钟

完成幻灯片的操作之后，就可以开始输入"大学生演讲与口才实用技巧"的文本内容了。

12.5.1 输入首页幻灯片标题

在普通视图中，幻灯片会出现"单击此处添加标题"或"单击此处添加副标题"等提示文本框。这种文本框统称为【文本占位符】。

在PowerPoint 2007中，可以在【文本占位符】和【大纲】选项卡下直接输入文本。

1 在【大纲】选项卡下输入标题	2 在【文本占位符】中输入文本
将光标定位在【大纲】选项卡下的幻灯片图标后，然后直接输入文本内容"大学生演讲与口才实用技巧"。	单击【幻灯片】窗格中的【文本占位符】"单击此处添加副标题"处，然后输入文本内容"提纲"。

 工作经验小贴士

在【大纲】选项卡中输入文本的同时，可以浏览所有幻灯片的内容。

 工作经验小贴士

在【文本占位符】中输入文本是最基本、最方便的一种输入方式。

12.5.2 在文本框中输入文本

幻灯片中【文本占位符】的位置是固定的，如果想在幻灯片的其他位置输入文本，可以通过绘制一个新的文本框来实现。在插入和设置文本框后，就可以在文本框中进行文本的输入了。

1 删除文本占位符

选择第2张幻灯片，然后选中文本占位符后，单击【Delete】键将其删除。

工作经验小贴士

如果一张幻灯片中有多个文本占位符，可以按住【Shift】键的同时选择多个占位符。

2 插入文本框

单击【插入】选项卡中的【文本】选项组中【文本框】按钮，在弹出的下拉菜单中选择【横排文本框】菜单命令，然后将光标移至幻灯片中，当光标变为向下的箭头时，按住鼠标左键并拖曳即可创建一个文本框。

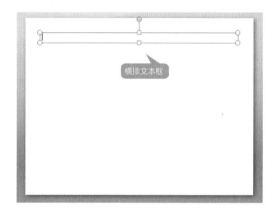

3 输入文本

单击文本框直接输入文本内容，这里输入"演讲大纲"4个字。

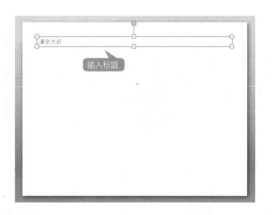

4 重复插入文本框并输入文字

再次插入横排文本框，然后输入文本内容，输入后效果如图所示。

12.6 文字设置

本节视频教学时间：4分钟

对文字的字号、大小和颜色进行设置，可以让幻灯片内容更有层次，也更醒目。

12.6.1 字体设置

在"演讲提纲"标题幻灯片中我们可以通过多种方法完成字体的设置操作。

1 在【字体】对话框中设置标题字体

选择"演讲大纲"4个字，然后单击鼠标右键，在弹出的快捷菜单中选择【字体】菜单命令，弹出【字体】对话框。设置中文字体类型为"微软雅黑"，字号为"40"，加粗，设置后单击【确定】按钮。

2 在【字体】选项组中设置正文字体

选择要设置同样字体的文本后，单击【字体】选项组中【字体】右侧的下三角箭头，在弹出的列表中选择一种字体，如"华文新魏"，字号为"28"。

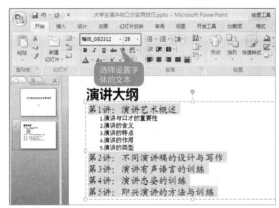

3 用快捷菜单设置其他正文文本字体

选择文本后，在弹出的快捷菜单中设置文本字体为"方正楷体简"，字号大小为"24"。

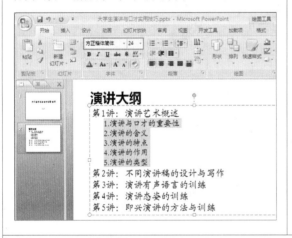

4 查看设置后的效果

设置字体样式后，即可查看幻灯片效果。

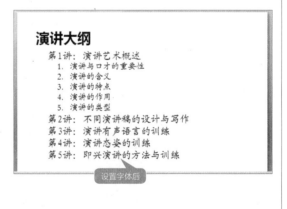

12.6.2 颜色设置

PowerPoint 2007默认的文字颜色为黑色。我们可以根据需要将文本设置为其他各种颜色。如果需要设定字体的颜色，可以先选中文本，单击【字体颜色】按钮，在弹出的下拉菜单中选择所需要的颜色。

1. 颜色

【字体颜色】下拉列表中包括【主题颜色】、【标准色】和【其他颜色】等3个区域。

单击【主题颜色】和【标准色】区域的颜色块可以直接选择所需要的颜色。单击【其他颜色】选项，弹出【颜色】对话框。该对话框包括【标准】和【自定义】两个选项卡。在【标准】选项卡下可以直接单击颜色球指定颜色。

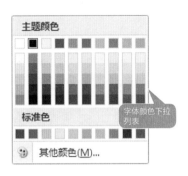

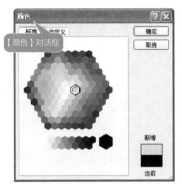

单击【自定义】选项卡，既可以在【颜色】区域指定要使用的颜色，也可以在【红色】、【绿色】和【蓝色】文本框中直接输入精确的数值指定颜色。其中，【颜色模式】下拉列表中包括【RGB】和【HSL】两个选项。

工作经验小贴士

RGB色彩模式和HSL色彩模式都是工业界的颜色标准，也是目前运用最广的颜色系统。RGB色彩模式是通过对红(R)、绿(G)、蓝(B)3个颜色通道的变化以及它们相互之间的叠加来得到各式各样的颜色的，RGB就是代表红、绿、蓝3个通道的颜色；HSL色彩模式是通过对色调(H)、饱和度(S)、亮度(L)3个颜色通道的变化以及它们相互之间的叠加来得到各式各样的颜色的，HSL就是代表色调、饱和度、亮度等3个通道的颜色。

2. 设置字体颜色

设置字体颜色的方法也很多，与字体设置相似。

1 设置首页幻灯片标题与副标题颜色

切换到第1张幻灯片后，选择标题文字后单击【字体】选项组中的【字体颜色】按钮，在弹出的颜色列表中选择需要的颜色即可。同样设置副标题文本颜色。

2 设置第2张幻灯片颜色

切换到第2张幻灯片，选择"演讲大纲"后，在弹出的快捷菜单中，单击【字体颜色】右侧的下三角按钮，在弹出的列表中选择一种颜色即可。

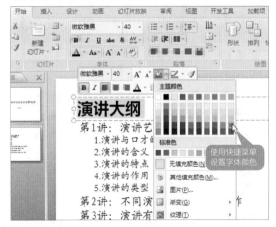

12.7 设置段落样式

本节视频教学时间：4分钟

设置段落格式包括对齐方式、缩进及间距与行距等。

12.7.1 对齐方式设置

段落对齐方式包括左对齐、右对齐、居中对齐、两端对齐和分散对齐等。在"大学生演讲与口才实用技巧.PPT"文稿中，我们将标题设置为居中对齐，正文内容设置为左对齐。

1 设置标题居中对齐

切换到第2张幻灯片，选择标题所在的文本框后，在【段落】选项组中单击【居中对齐】按钮。

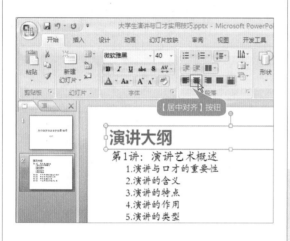

2 设置正文内容左对齐

选择正文内容后，单击鼠标右键，在弹出的快捷菜单中选择【段落】菜单命令，弹出【段落】对话框，在其中设置段落对齐方式为"左对齐"。

工作经验小贴士

使文本左对齐快捷键为【Ctrl+L】组合键；居中对齐快捷键为【Ctrl+E】组合键；右对齐快捷键为【Ctrl+R】组合键。

12.7.2 设置文本段落缩进

段落缩进指的是段落中的行相对于页面左边界或右边界的位置。段落缩进方式主要包括左缩进、右缩进、悬挂缩进和首行缩进等。悬挂缩进是指段落首行的左边界不变，其他各行的左边界相对于页面左边界向右缩进一段距离。首行缩进是指将段落的第一行从左向右缩进一定的距离，首行外的各行都保持不变。

1 设置段落缩进

将光标定位在第1段文字处，单击鼠标右键，在弹出的快捷菜单中选择【段落】菜单命令，弹出【段落】对话框，设置段落缩进为"1厘米"，同样设置其他讲段落缩进为"1厘米"。

2 设置其他内容的段落样式

选择第2～6行文本，使用同样的方法将其段落缩进设置为文本之前"2厘米"，效果如图所示。

12.8 添加项目符号或编号

本节视频教学时间：5分钟

项目符号和编号是放在文本前的点或其他符号，起到强调作用。合理使用项目符号和编号，可以使文档的层次结构更清晰、更有条理。

12.8.1 为文本添加项目符号或编号

在幻灯片中经常要为文本添加项目符号或编号。在"大学生演讲与口才实用技巧PPT"中添加项目符号或编号，让文档的条理更清晰。

1 选择文本

在第2张幻灯片中，按住【Ctrl】键选择要添加项目符号的文本。

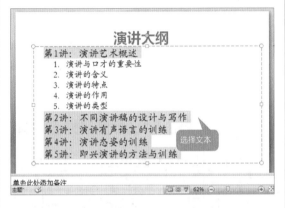

2 添加项目符号

单击【开始】选项卡【段落】组中的【项目符号】按钮，即可为文本添加项目符号。

工作经验小贴士

单击【开始】选项卡【段落】组中的【编号】按钮，即可为文本添加编号。

12.8.2 更改项目符号或编号的外观

如果为文本添加的项目符号或编号的外观不是想要的，可以更改项目符号或编号的外观。

1 选择更改项目编号的文本

选择已添加项目符号或编号的文本，这里选择添加项目编号的文本。

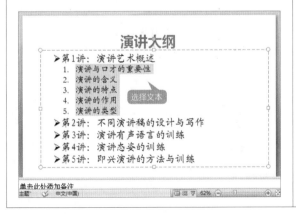

2 更改项目编号

单击【开始】选项卡【段落】组中的【项目编号】的下三角按钮，从弹出的下拉列表中选择需要的项目编号，即可更改项目编号的外观。

3 选择要更改项目符号的文本

按住【Ctrl】键选择要更改项目符号的文本。

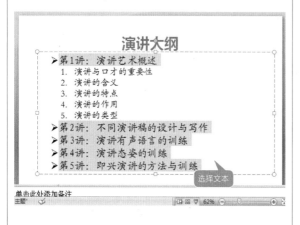

4 更改项目符号

单击【开始】选项卡【段落】组中的【项目符号】的下三角按钮，从弹出的下拉列表中选择需要的项目符号，即可更改项目符号的外观。

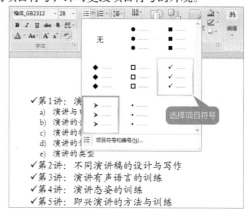

5 调用【项目符号和编号】对话框

选择下拉列表中的【项目符号和编号】选项，弹出【项目符号和编号】对话框。

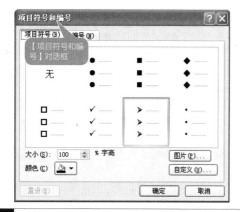

6 自定义项目符号

单击【自定义】按钮，从弹出的【符号】对话框中可以设置新的图片为项目符号的新外观。选择一个符号后单击【确定】按钮。

7 返回【项目符号和编号】对话框

返回到【项目符号和编号】对话框中，我们可以看到当前我们使用的项目符号已经发生了变化。

8 在幻灯片中查看效果

单击【确定】按钮，关闭【项目符号和编号】对话框，返回到幻灯片中查看设置后的项目符号。

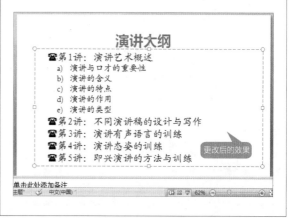

12.9 保存设计好的文稿

本节视频教学时间：2分钟

演示文稿制作完成之后就可以将其保存起来，方便使用。

1 单击【Office】按钮

单击【Office】按钮，在弹出快捷菜单中选择【保存】菜单命令即可保存文件。

2 使用【保存】按钮

直接单击快速访问栏中的【保存】按钮。

 高手私房菜

技巧1：减少文本框的边空

在幻灯片文本框中输入文字时，文字离文本框上下左右的边空是默认设置好的。其实，可以通过减少文本框的边空，以获得更大的设计空间。

1 选择【设置形状格式】菜单命令

选中要减少文本框边空的文本框，单击鼠标右键，在弹出的快捷菜单中选择【设置形状格式】菜单命令。

2 选择【文本框】选项

在弹出的【设置形状格式】对话框中选择左侧的【文本框】选项。

3 调整内部边距

在【内部边距】区域的【左】、【右】、【上】和【下】文本框中数值重新设置为"0厘米"。

4 查看效果

单击【关闭】按钮即可完成文本框边空的设置，最终结果如下图所示。

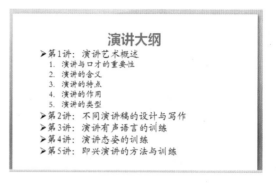

技巧2：让PPT一目了然的方法

堆积较多的文字往往不能使PPT一目了然，下面介绍使PPT一目了然的思路和方法。

(1) 无论标题还是内容，一定要少、要简洁。

(2) 突出关键，提炼要点。

(3) 化繁杂内容为多张幻灯片，或重复利用图表、备注或特效等。

(4) 统一使用标题、字体、字体大小、配色方案及模板风格等。

(5) 少用特效。

技巧3：保存幻灯片中的特殊字体

有的时候，将制作好的幻灯片带到演示现场进行播放时，幻灯片中的一些漂亮字体却变成了普通字体，甚至导致格式变乱，严重影响演示效果。这种问题可以按照下面的方法解决。

1 选择【保存选项】菜单命令

打开随书光盘中的"素材\ch12\大学生演讲与口才实用技巧.PPT"文件，单击【Office】按钮，在弹出的下拉列表中选择【另存为】菜单命令，弹出【另存为】对话框，单击左下角的【工具】按钮，在弹出的下拉列表中选择【保存选项】菜单命令。

2 设置保存方式

弹出【PowerPoint选项】对话框，单击选中【将字体嵌入文件】复选项，之后再单击选中【嵌入所有字符（适于其他人编辑）】单选项。

单击【确定】按钮，返回【另存为】对话框，然后单击【保存】按钮即可。

第13章

设计图文并茂的 PPT
——制作公司宣传 PPT

 本章视频教学时间：49 分钟

在PowerPoint 2007中使用表格和图片，插入剪贴画、屏幕截图等可以制作出出色、漂亮的演示文稿，增强演示文稿的效果。

【学习目标】

通过本章的学习，了解 PPT 中插入图片、剪贴画和表格的使用方法。

【本章涉及知识点】

熟悉使用艺术字和表格的方法

掌握使用图片的方法

熟悉插入剪贴画的方法

13.1 公司宣传PPT的制作分析

本节视频教学时间：4分钟

宣传片是企业自主投资制作文字、图片或动画宣传片等，主观介绍自有企业主营业务、产品、企业规模及人文历史，用于提高企业知名度。

制作宣传片的目的是为了推广自己，可以在电视上播放，还可以做成光盘参加展会，方便客户直接了解公司或者产品，也可以放在网络上方便别人搜索。

做宣传片首先要明确目的。公司制作自己的宣传片是为了提升公司形象还是介绍产品？如果是为了提升公司形象那当然是做公司形象片；如果公司要做的是产品专题片，则产品的特点和功能定位就很重要。产品有产品的形象，产品的功能定位应该能够体现出由产品所展示的品质、品味和品形到品牌的过渡。

宣传片不仅要明确目的，还要明确用途，是用来促销、参加会展还是招商、产品发布，这对宣传片的要求都是不同的。

接下来看一下"公司宣传.pptx"的制作方法。

13.2 使用艺术字输入标题

本节视频教学时间：5分钟

利用PowerPoint 2007中的艺术字功能插入装饰文字，可以创建带阴影的、扭曲的、旋转的和拉伸的艺术字，也可以创建自定义形状的文字。

13.2.1 插入艺术字

向PPT中插入艺术字，可以使演示文稿更具有艺术性。

1 应用主题样式

打开PowerPoint 2007应用软件，系统自动生成一个新工作簿，将其保存为"公司宣传.pptx"。单击【设计】选项卡下【主题】选项组中右侧下三角按钮，在弹出的主题样式中选择一种主题样式。

2 选择艺术字样式

删除文本占位符后在功能区单击【插入】选项卡【文本】选项组中的【艺术字】按钮。在弹出的【艺术字】下拉列表中选择如下图所示的艺术字样式。

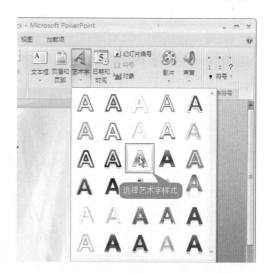

3 输入标题内容

在"请在此处放置您的文字"处单击输入标题"龙马图书工作室产品宣传",然后调整文本框位置和大小后效果如图所示。

4 输入副标题内容

插入一个横排文本框,然后输入副标题内容,设置字体样式,调整其位置后效果如图所示。

工作经验小贴士

如果内置主题不合适,选择【Microsoft Office Online上的其他主题】选项,可在线查找主题。插入的艺术字仅仅具有一些美化的效果,如果要设置更为艺术的字体,则需要更改艺术字的样式。用户可以选择艺术字后,在【绘图工具】▶【格式】选项卡下【艺术字样式】组中的各个选项即可完成艺术字样式的更改。

13.2.2 更改艺术字样式

单调的艺术字并不能凸显PPT的美观,为艺术字更改样式,是艺术字显示出不同的效果。

1 选择样式

选中艺术字,单击【绘图工具】▶【格式】选项卡下【形状样式】组中的【其他】按钮,在弹出的列表中选择一种样式。

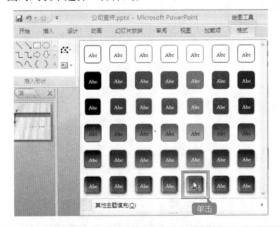

2 设置形状效果

单击【形状样式】选项组中的【形状效果】按钮,在弹出的下拉列表中选择【阴影】列表中的"向右偏移"。

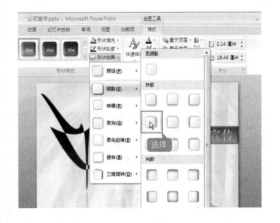

工作经验小贴士

在【形状样式】选项组中还可以设置【形状填充】和【形状轮廓】。

13.3 输入文本

本节视频教学时间：4分钟

公司概况是公司宣传PPT中很重要的一项，是对公司的整体介绍和说明。

1 新建幻灯片

新建样式为"标题和内容"的幻灯片，在第一个"单击此处添加标题"处输入"公司概括"。

2 输入标题和内容

在第二个"单击此处添加文本"处输入公司概况内容，并设置字体样式和段落样式，效果如图所示。

13.4 插入图片

本节视频教学时间：7分钟

在制作幻灯片时，适当插入一些图片，可达到图文并茂的效果。

13.4.1 插入图片

在结束幻灯片中插入一张闭幕图，让公司宣传演示文稿显得更隆重、得体。

1 插入图片

新建一张幻灯片，将文本占位符删除，然后单击【插入】选项卡下【插图】选秀爱那个组中的【图片】按钮，弹出【插入图片】对话框，在【查找范围】中选择路径，选择图片"背景"并单击【插入】按钮。

2 插入效果

插入图片后即可在幻灯片中查看插入的图片。

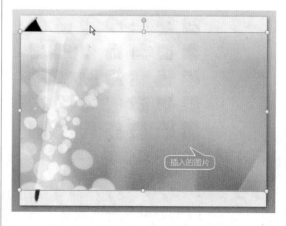

13.4.2 调整图片的大小

插入的图片大小可以根据当前幻灯片的情况进行调整。在结束幻灯片中输入图片后，我们发现插入的图片并没有充满整个幻灯片，这时我们就可以对其进行调整。

1 拖曳控制点调整图片大小

选中插入的图片，将鼠标指针移至图片四周的尺寸控制点上。按住鼠标左键拖曳，就可以更改图片的大小。

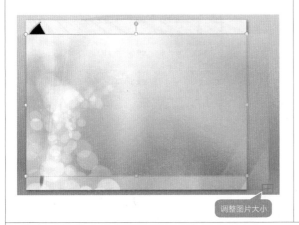

调整图片大小

2 多次调整使图片适合幻灯片

用鼠标选中图片后，拖曳鼠标将其拖到合适的位置处，继续调整图片大小，最后使图片大小适合幻灯片大小。

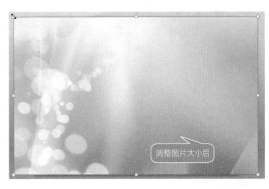

调整图片大小后

13.4.3 裁剪图片

调整图片的大小之后，发现图片长宽比例与幻灯片比例不同，为了使图片不变形，我们可以对图片进行裁剪。

1 单击【裁剪】按钮

选中图片，然后在【图片工具】▶【格式】选项卡【大小】组中单击【裁剪】按钮。

工作经验小贴士

单击【裁剪】下三角按钮，弹出包括【裁剪】、【裁剪为形状】、【纵横比】、【填充】和【调整】等选项。

(1) 裁剪为特定形状：在剪裁为特定形状时，将自动修整图片以填充形状的几何图形，但同时会保持图片的比例。

(2) 裁剪为通用纵横比：将图片裁剪为通用的照片或通用纵横比，可以使其轻松适合图片框。

(3) 通过裁剪来填充形状：若要删除图片的某个部分，但仍尽可能用图片来填充形状，可以通过【填充】选项来实现。选择此选项时，可能不会显示图片的某些边缘，但可以保留原始图片的纵横比。

2 裁剪图片

图片四周出现控制点，拖曳左侧、右侧的中心裁剪控制点向里拖曳，裁剪图片大小。裁剪后在幻灯片空白处单击退出裁剪操作，然后调整图片位置即可。

裁剪图片大小后

13.4.4 旋转图片

如果对图片的角度不满意，还可以对图片进行旋转，具体方法如下。

1 向右旋转90°

选中图片，单击【格式】选项卡下【排列】选项组中的【旋转】按钮，然后在弹出的下拉列表中选择【向右旋转90°】选项，效果如图。

2 再次向右旋转90°

在旋转下拉列表中选择【其他旋转选项】选项，弹出【大小和位置】对话框，在【尺寸和旋转】区域的【旋转】微调框中将"90"改为"180"，然后单击【关闭】按钮，则图片会再次旋转90°。

13.4.5 为图片设置样式

为图片设置样式包括添加阴影、发光、映象、柔化边缘、凹凸和三维旋转等效果，也可以为图片设置样式改变图片的亮度、对比度或模糊度等。

1 选择图片样式

选择图片后，单击【图片工具】▶【格式】选项卡【图片样式】组中左侧的【其他】按钮，在弹出的菜单中选择一样图片样式。

2 设置图片效果

单击【图片工具】▶【格式】选项卡【图片效果】下三角按钮，在弹出的菜单列表中选择【棱台】组中的【角度】图片效果。

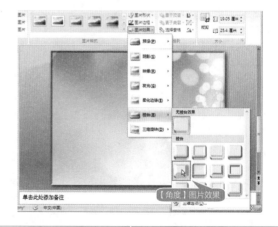

13.4.6 为图片设置颜色效果

可以通过调整图片的颜色浓度（饱和度）和色调（色温）对图片重新着色或者更改图片中某个颜色的透明度，也可以将多个颜色效果应用于图片。

1 设置对比度

选择图片后，单击【图片工具】▶【格式】选项卡【调整】组中的【对比度】按钮，在弹出的菜单中选择【20%】菜单选项。

2 设置浅色变体

单击【图片工具】▶【格式】选项卡【调整】组中的【重新着色】按钮，在弹出的菜单列表中选择"强调文字颜色1浅色"菜单选项。

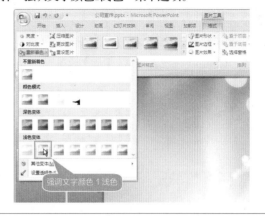

13.5 插入剪贴画

本节视频教学时间：3分钟

剪贴画同样可以使幻灯片增色，而插入剪切画也是幻灯片中常用的操作之一。

1 【剪贴画】窗格

单击【插入】选项卡【图像】组中的【剪贴画】按钮，弹出【剪贴画】窗格，在【搜索文字】文本框中输入"图书"，然后单击【搜索】按钮，在弹出的剪贴画列表中选择一个剪贴画。

2 插入剪切画

插入剪切画，调整剪贴画大小并拖拽至适当的位置，关闭【剪贴画】窗格。

13.6 使用形状

本节视频教学时间：10分钟

在幻灯片中添加一个形状，或者合并多个形状可以生成一个绘图或一个更为复杂的形状。添加一个或多个形状后，还可以在其中添加文字、项目符号、编号和快速样式等。

13.6.1 绘制形状

在幻灯片中，单击【开始】选项卡【绘图】组中的【形状】按钮，可以弹出【形状】下拉列表，在其中选择要使用的形状即可。

1 选择形状样式

单击【开始】选项卡【绘图】组中的【形状】按钮，在弹出下拉列表选择【矩形】选项。

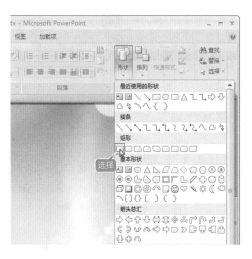

2 绘制形状

此时鼠标指针在幻灯片中的形状显示为，在幻灯片空白位置处单击，按住鼠标左键不放并拖曳到适当位置处释放鼠标左键。绘制的矩形形状如下图所示。重复绘制形状操作绘制其他形状如图所示。

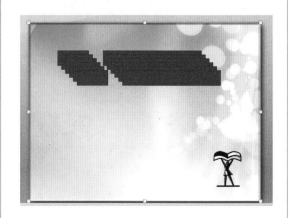

13.6.2 排列形状

在幻灯片中插入形状之后，还可以对形状进行调整，包括调整形状位置和形状大小，选择图形后，拖曳鼠标适当调整图形的上下位置和左右位置，调整后如图所示。

工作经验小贴士

在调整图形时，也可以使用【绘图工具】选项卡下【排列】组中的各个选项，包括上移一层、下移一层、左对齐、右对齐、横向分布、纵向分布等。

13.6.3 组合形状

在同一张幻灯片中插入多张形状时，可以组合为一个形状。

1 选择【组合】菜单命令

依次选择形状，单击鼠标右键，在弹出的快捷菜单中选择【组合】➤【组合】菜单命令。

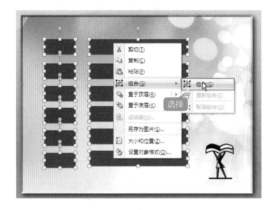

2 组合形状

如图所示，所选中的图形组合成为一个形状。

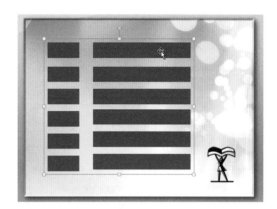

13.6.4 设置形状的样式

设置形状的样式主要包括填充形状的颜色、填充形状轮廓的颜色和形状的效果等。

1 设置形状样式

选择第1个矩形后，单击【图片工具】➤【格式】选项卡【形状样式】组中的【其他】按钮，在弹出的列表中选择一种形状样式即可。

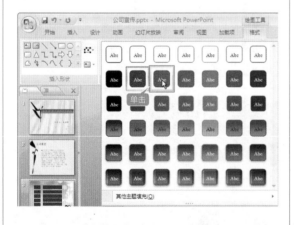

2 设置其他的形状样式

依次为其他形状选择形状样式，设置后如图所示。

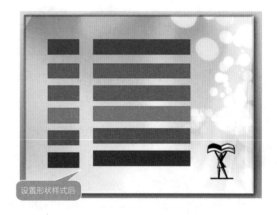

> **工作经验小贴士**
>
> 如果系统提供的形状样式不能满足用户的需求，用户可以在【图片工具】➤【格式】选项卡【形状样式】组中的【形状填充】、【形状轮廓】和【形状效果】选项自定义形状样式。

13.6.5 在形状中添加文字

插入形状后，在形状中还可以插入文字。

1	选择【组合】菜单命令

选择第1个矩形，单击鼠标右键，在弹出的列表中选择【编辑文字】菜单命令，在形状中输入文本内容，并且调整文字样式后如下图所示。

2	组合形状

依次为其他形状输入文字，设置后如图所示。

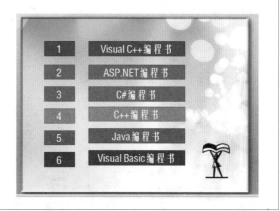

13.7 SmartArt图形

本节视频教学时间：6分钟

SmartArt图形用于向文本和数据添加颜色、形状和强调效果，在PowerPoint 2007中创建SmartArt图形非常方便。下面来学习在PowerPoint中如何使用SmartArt图形来创建组织结构图。

13.7.1 了解SmartArt图形

SmartArt图形是信息和观点的视觉表示形式，可以通过从多种不同布局中进行选择来创建SmartArt图形，从而快速、轻松和有效地传达信息。

使用SmartArt图形，只需单击几下鼠标，就可以创建具有设计师水准的插图。

PowerPoint演示文稿通常包含带有项目符号列表的幻灯片，使用PowerPoint时，可以将幻灯片文本转换为SmartArt图形。此外，还可以向SmartArt图形添加动画。

13.7.2 创建组织结构图

组织结构图是以图形方式表示组织的管理结构，如公司内的部门经理和非管理层员工。在PowerPoint中，通过使用SmartArt图形，可以创建组织结构图并将其包括在演示文稿中。

1	插入层次结构图

添加一张空白幻灯片，单击【插入】选项卡【插图】选项组中的【SmartArt】选项，弹出【选择SmartArt图形】对话框，在左侧列表中选择【层次结构】选项，然后在中间列表中选择一种层次结构图，然后单击【确定】按钮。

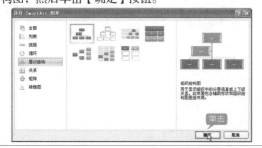

2	查看效果

插入层次结构图，如图所示。

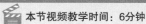
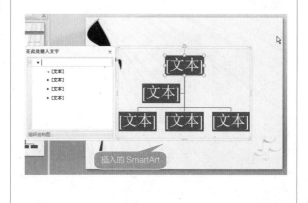

13.7.3 添加与删除形状

插入的SmartArt图形一般都是固定的形状，可能不符合我们所需要的，我们可以对其进行添加和删除来改变它的形状。

1 添加形状

单击第3排第1个形状，单击鼠标右键，在下拉菜单中选择【插入形状】▶【在下方添加形状】菜单命令，即可在形状下方添加形状。

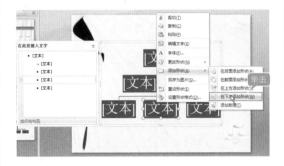

2 删除形状

将光标移至第3排第3个形状上，当光标变为时，单击左键选中形状，然后按【Backspace】建将其删除。

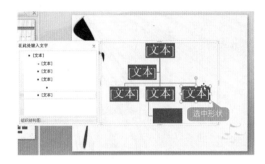

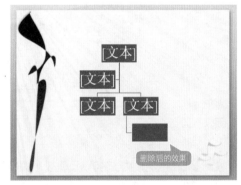

13.7.4 设置SmartArt图形

插入的SmartArt图形整体设置完成，接下来将对其进行设置，为SmartArt图形编辑文字。

1 输入文字

单击左侧【在此处键入文字】对话框中第一个文本框，右侧所对应的形状将会被选中，输入"经理"。

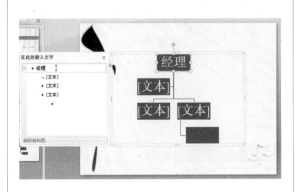

2 查看效果

在其他形状中输入文字，效果如图所示。

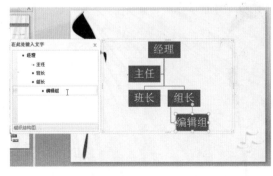

13.8 使用表格

本节视频教学时间：10分钟

在"公司宣传"演示文稿中，通过表格展示公司最新制作的图书。

13.8.1 了解图表

形象直观的图表与文字数据相比更容易让人理解，插入图表可以使幻灯片的显示效果更加清晰。

在PowerPoint 2007中，可以插入幻灯片中的图表包括柱形图、折线图、饼图、条形图、面积图、XY（散点图）、股价图、曲面图、圆环图、气泡图和雷达图。从【插入图表】对话框中可以体现出图表的分类。

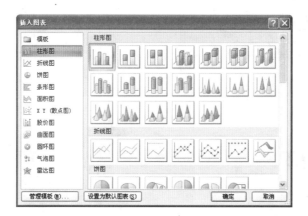

13.8.2 插入图表

柱形图表是显示数据趋势以及比较相关数据的一种图表。经常用于表示以行和列排列的数据，对于显示随时间的变化很有用。最常用的布局是将信息类型放在横坐标轴上，将数值项放在纵坐标轴上。

1 新建幻灯片

新建"标题和内容"幻灯片，在新建的幻灯片中"单击此处添加标题"位置处单击，然后输入幻灯片标题"最新公司状况"。

2 插入图表

删除"单击此处添加文本"文本占位符，单击【插入】选项卡【插图】组中的【图表】按钮，在弹出的【插入图表】对话框中选择【柱形图】中的【簇状柱形图】，然后单击【确定】按钮。

1 在表格中输入数据

弹出【Microsoft PowerPoint 2007的图表】窗口，在表格中更改数据系列，然后关闭Excel窗口。

2 查看效果

最终效果如图所示。

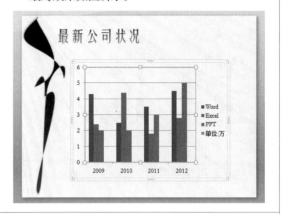

13.8.3 使用其他图表

如果对插入的图表觉得不合适，还可以更改为其他图表。

1 选择【更改图表类型】菜单命令

选中图表，单击鼠标右键，在弹出的快捷菜单中选择【更改图表类型】菜单命令。

2 输入表的内容

在弹出的【更改图标类型】对话框中选择一种图表类型，单击【确定】按钮即可。

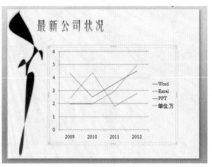

举一反三

在本章中我们制作的"公司宣传"演示文稿，主要涉及了PowerPoint 2007的操作有使用图片、剪贴画和使用表格等内容，制作出来的演示文稿一般为展示说明型的，主要向他人介绍或展现某个产品或这某个事物的。此类演示文稿一般来说，比较注重视觉效果，做到整个演示文稿的颜色协调统一。其他类似的演示文稿还有产品宣传、相册制作、个人简历、艺术欣赏、汽车展销会等。

高手私房菜

技巧：用动画展示PPT图表

PowerPoint中的图表是一个完整的图形，如何将图表中的各个部分分别用动画展示出来呢？

其实，只需在图表边框处单击鼠标右键，然后在弹出的快捷菜单中选择【组合】菜单命令中的【取消组合】子命令就可以将图表拆分开来了。

接下来就可以对图表中的每个部分分别设置动作了。有关设置动画动作的具体操作方法将在第14章中详细介绍，这里不再赘述。

第14章

为幻灯片设置动画及交互效果

——制作行销企划案

 本章视频教学时间：51 分钟

在演示文稿中添加适当的动画，可以使演示文稿的播放效果更加形象，也可以通过动画使一些复杂内容逐步显示以便观众理解。

【学习目标】

通过本章的学习，用户可以在幻灯片中添加动画效果。

【本章涉及知识点】

了解动画要素

了解动画使用原则

学习创建动画

学习设置动画

学习测试动画

学习复制动画效果

14.1 PPT动画使用要素及原则

在制作PPT的时候，通过使用动画效果可以大大提高PPT的表现力，在动画展示的过程中可以起到画龙点睛的效果。

14.1.1 动画的要素

动画用于给文本或对象添加特殊视觉或声音效果。例如，可以使文本项目符号逐个从左侧飞入，或在显示图片时播放掌声。

1. 过渡动画

使用颜色和图片可以引导章节过渡页，学习了动画之后，也可以使用翻页动画这个新手段来实现章节之间的过渡。

通过翻页动画，可以提示观众过渡到了新一章或新一节。选择翻页时不能选择太复杂的动画，整个PPT中的每一页幻灯片的过渡动画都向一个方向动起来就可以了。

2. 重点动画

在日常的PPT制作中，重点动画用来强调重点内容，能占到PPT动画的80%。如用鼠标单击或鼠标经过重点内容时，重点内容会动一动，更容易吸引观众的注意力。

在使用强调效果强调重点动画的时候，可以使用进入动画效果进行设置。

在使用重点动画的时候要避免动画复杂而影响表现力，谨慎使用蹦字动画，尽量少设置慢动作的动画。

另外，使用颜色的变化与出现、消失效果的组合，构成前后对比也是重点动画的一种。

14.1.2 动画的原则

在使用动画的时候，要遵循醒目、自然、适当、简化及创意原则。

1. 醒目原则

使用动画是为了使重点内容更醒目，因此在使用动画时要遵循醒目原则。

例如，用户可以给幻灯片中的图形设置【加深】动画，这样在播放幻灯片的时候中间的图形就会加深颜色显示，从而使其更加醒目。

2. 自然原则

无论是使用的动画样式，还是设置文字、图形元素出现的顺序，都要在设计时遵循自然的原则。使用的动画不能显得生硬，要结合具体的演示内容。

3. 适当原则

在PPT中使用动画要遵循适当原则，既不可以每一页里面每行字都有动画而造成动画满天飞，也不可以在整个PPT中不使用任何动画。

动画满天飞容易分散观众的注意力，打乱正常的演示过程。这样也容易给人一种展示PPT的软件功能，而不是通过演讲表达信息。而另一种不使用任何动画的极端行为，也会使观众觉得枯燥无味，同时有些问题也不容易解释清楚。因此，在PPT中使用动画多少要适当，也要结合演示文稿要传达的意思来使用动画。

4. 简化原则

有些时候PPT中某页幻灯片中的构成元素可能会很繁杂，如使用大型的组织结构图、流程图等，尽管使用简单的文字、清晰的脉络去展示，但还是会显得复杂。这个时候如果使用恰当的动画将这些大型的图表化繁为简，运用逐步出现，讲解；再出现、再讲解的方法，从而将观众的注意力随动画和讲解结合在一起。

5. 创意原则

为了吸引观众的注意力，在PPT中动画是必不可少的。并非任何动画都可以吸引观众，如果质量粗糙或者使用不当，会分散他们对PPT内容的注意力。因此使用PPT动画的时候，要有创意。

14.2　为幻灯片创建动画

本节视频教学时间：14分钟

使用动画可以让观众将注意力集中在要点和控制信息流上，还可以提高观众对演示文稿的兴趣。可以将动画效果应用于个别幻灯片上的文本或对象、幻灯片母版上的文本或对象，或者自定义幻灯片版式上的占位符。

14.2.1　创建进入动画

为对象可以创建进入动画。例如，可以使对象逐渐淡入焦点，从边缘飞入幻灯片或者跳入视图中。

1 打开素材文件

打开随书光盘中的"素材\ch14\公司行销企划案.pptx"文件。

2 动画列表

选择幻灯片中要创建进入动画效果的文字，单击【动画】选项卡【自定义动画】按钮，在弹出的【自定义动画】窗口中，单击【添加效果】按钮，即会弹出动画菜单列表。

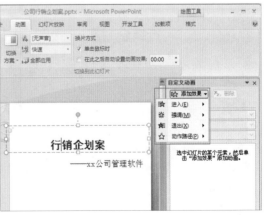

3 创建进入动画

选择【进入】菜单命令，在弹出的子菜单中选择【飞入】菜单选项，创建此进入动画效果。

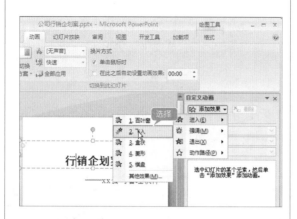

4 动画编号标记

添加动画效果后，文字对象前面将显示一个动画编号标记 $\boxed{1}$ 。

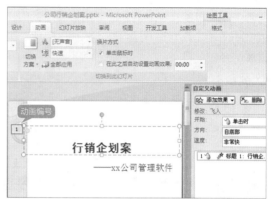

 工作经验小贴士

创建动画后，幻灯片中的动画编号标记在打印时不会被打印出来。

14.2.2 创建强调动画

为对象可以创建强调动画，效果示例包括使对象缩小或放大、更改颜色或沿着其中心旋转等。

1 选择要设置强调动画的文字

选择幻灯片中要创建强调动画效果的文字"——XX公司管理软件"。

2 添加强调动画

单击【动画】选项卡【动画】组中的【自定义动画】按钮，在弹出任务窗口中选择【添加效果】▶【强调】▶【放大/缩小】菜单选项，即可添加动画。

14.2.3 创建路径动画

为对象可以创建动作路径动画，使用这些效果可以使对象上下移动、左右移动或者沿着星形或圆形图案移动。

1 添加路径动画

选择第2张幻灯片，选择幻灯片中要创建路径动画效果的对象，选择【添加效果】▶【动作路径】▶【对角线向右下】菜单选项。

2 查看结果

即可为此对象创建"对角线向右下"效果的路径动画效果。

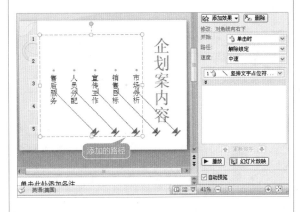

3 单击【自定义路径】按钮

选择第3张幻灯片，选择要自定义路径的对象，选择【添加效果】▶【动作路径】▶【绘制自定义路径】▶【任意多边形】菜单选项。

4 设置路径

此时，光标变为十，在幻灯片上绘制出动画路径后按【Enter】键即可。

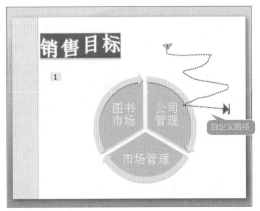

14.2.4 创建退出动画

为对象可以创建退出动画，这些效果包括使对象飞出幻灯片、从视图中消失或者从幻灯片旋出等。

1 选择设置动画的对象	2 选择退出动画
切换到第4张幻灯片，选择"谢谢观赏！"文本对象。	选择【添加效果】▶【退出】▶【棋盘】菜单选项，即可添加退出动画效果。

 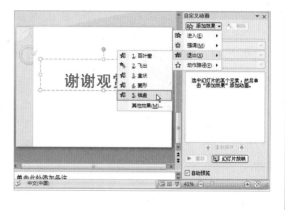

14.3 设置动画

本节视频教学时间：6分钟

【自定义动画】显示了有关动画效果的重要信息，如效果的类型、多个动画效果之间的相对顺序、受影响对象的名称以及效果的持续时间。

14.3.1 查看动画列表

选择一张幻灯片，单击【动画】选项卡【动画】组中的【自定义动画】按钮，即会弹出【自定义动画】窗口，显示该张幻灯片上所有动画的列表。

【动画列表】中各选项的含义如下。

(1) 编号：表示动画效果的播放顺序，此编号与幻灯片上显示的不可打印的编号标记是相对应的。

(2) 时间线：代表效果的持续时间。

(3) 图标：代表动画效果的类型。

(4) 菜单图标：选择列表中的项目后会看到相应菜单图标（向下箭头），单击该图标即可弹出如下图所示的下拉菜单。

14.3.2 调整动画顺序

在放映过程中，也可以对幻灯片播放的顺序进行调整。

1 打开【自定义动画】窗口

选择第2张幻灯片，单击【动画】选项卡【动画】组中的【自定义动画】按钮打开【自定义动画】窗口。

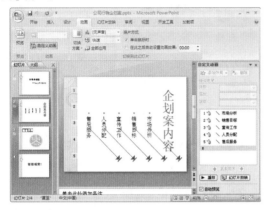

2 调整动画顺序

选择【自定义动画】窗口中需要调整顺序的动画，如选择动画3，然后单击【动画窗格】窗口下方【重新排序】命令左侧或右侧的向上按钮⬆或向下按钮⬇进行调整。

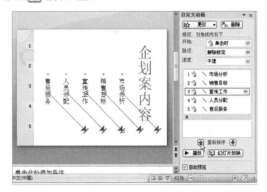

14.3.3 设置动画时间

创建动画之后，可以为幻灯片上的动画指定开始、持续时间或者延迟计时。

1 为动画设置开始计时

选择第1张幻灯片中的"标题1 飞入动画"，单击右侧的向下箭头，在弹出的快捷菜单中选择【计时】菜单命令，也可以双击该动画菜单图标，打开【飞入】对话框。

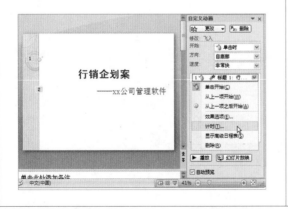

2 为动画设置时间

在弹出的【飞入】对话框中，单击【计时】选项卡，将【速度】设置为"中速（2秒）"（也可以手动输入自定义时间，单位为"秒"），【重复】设置为"2"。

14.4 触发动画

📽 本节视频教学时间：3分钟

触发动画就是设置动画的特殊开始条件。

1 【触发】按钮	2 触发动画

双击结束幻灯片的动画，打开【棋盘】对话框，选择【计时】选项卡，并单击【触发器】按钮，在弹出的两个选项中，选择【单击下列对象时启动效果】中的【副标题2:谢谢观赏！】选项。

创建触发动画后的动画编号变为 图标，在放映幻灯片时用鼠标指针单击设置过动画的对象后即可显示动画效果。

14.5 测试动画

本节视频教学时间：2分钟

为文字或图形对象添加动画效果后，可以单击【动画】选项卡【预览】组中的【预览】按钮，验证它们是否起作用。

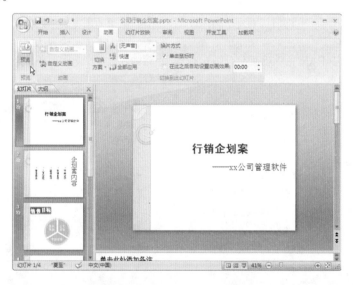

14.6 移除动画

本节视频教学时间：2分钟

为对象创建动画效果后，也可以根据需要移除动画。移除动画的方法有以下两种。

1 单击【删除】按钮	**2** 使用【删除】菜单命令
在【自定义动画】窗口中，选择要删除的动画效果，然后单击【删除】按钮，即可将动画删除。 	选择要删除的动画，单击右侧的向下箭头![箭头]，在弹出的快捷菜单中选择【删除】菜单命令，即可快速删除。 

14.7 为幻灯片添加切换效果

本节视频教学时间：6分钟

幻灯片切换效果是在演示期间从一张幻灯片移到下一张幻灯片时在【幻灯片放映】视图中出现的动画效果。

14.7.1 添加切换效果

幻灯片切换时产生类似动画的效果，可以使幻灯片在放映时更加生动形象。具体的操作步骤如下。

1 打开素材	**2** 添加效果
选择要添加切换效果的幻灯片，单击【切换到此幻灯片】组中的【其他】按钮![按钮]，这里选择文件中的第1张幻灯片。 	在弹出的下拉列表中选择【溶解】切换效果。设置完毕，可以预览该效果。 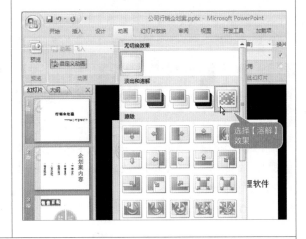

14.7.2 设置切换效果

为幻灯片添加切换效果后，如果对之前的效果不是很满意，也可以进行设置，对其更改效果。

1 幻灯片之前的效果

上述幻灯片中，选择要设置切换效果的幻灯片，【切换到此幻灯片】组中的【其他】按钮，可以看到此幻灯片的切换效果为【溶解】。

2 更改效果

单击所需要的切换效果，则会自动更换所设置的切换效果，这里以【楔入】为例。更改完成，可以预览效果。

14.7.3 添加切换方式

可以设置幻灯片的切换方式，以便在放映演示文稿时使幻灯片按照设置的切换方式进行切换。切换演示文稿中的幻灯片包括【单击鼠标时】切换和【在此之后自动设置动画效果】两种切换方式。

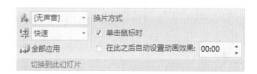

在【切换到此幻灯片】组中【换片方式】区域可以设置幻灯片的切换方式。选中【单击鼠标时】复选框，即可设置在张幻灯片中单击鼠标时切换至下一张幻灯片。

也可以选中【在此之后自动设置动画效果】复选框，在文本框中输入自动换片的时间以自动设置幻灯片的切换。

工作经验小贴士

【单击鼠标时】复选框和【在此之后自动设置动画效果】复选框可以同时选中，这样切换时既可以单击鼠标切换，也可以在设置的自动切换时间后切换。

14.8 创　超链接和创　动作

本节视频教学时间：12分钟

使用超链接可以从一张幻灯片转至另一张幻灯片，这里介绍使用创建超链接和创建动作的方法为幻灯片添加超链接。在播放演示文稿时，通过超链接可以快速地转至需要的页面。

14.8.1 创建超链接

超链接可以是从一张幻灯片到同一演示文稿中另一张幻灯片的连接，也可以是从一张幻灯片到不同演示文稿中另一张幻灯片、到电子邮件地址、网页或文件的链接等。

1 打开第2张幻灯片

在普通视图中选择要用作超链接的文本，如选中第2张幻灯片中的文字"市场分析"。

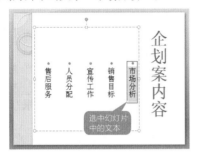

2 单击【超链接】按钮

单击【插入】选项卡【链接】组中的【超链接】按钮。

3 链接【图书市场】文档

在弹出的【插入超链接】对话框左侧的【链接到】列表框中选择【原有文档或网页】选项，选择要插入的链接，这里选择"图书市场.docx"文件。

4 添加完成

单击【确定】按钮，即可将选中的文档连接到幻灯片中。放映幻灯片时，单击添加过超链接的文本即可链接到相应的文件。

14.8.2 创建动作

在PowerPoint中，可以为幻灯片、幻灯片中的文本或对象创建动作到幻灯片中。

1. 为文本或图形添加动作

向幻灯片中的文本或图形添加动作按钮的具体操作方法如下。

1 选择文本

选择要添加动作的文本，这里选择"销售目标"，单击【插入】▶【链接】▶【动作】，在弹出的【动作设置】对话框中，选择【单击鼠标】▶【单击鼠标时的动作】▶【超链接到】单选按钮，并在其下拉列表中选择【下一张幻灯片】选项。

2 单击【动作】按钮

单击【确定】按钮，即可完成为文本添加动作的操作。添加动作后的文本以不同的颜色、下划线字显示，放映幻灯片时，单击添加过动作的文本即可进行相应的动作操作。

2. 创建动作按钮

向幻灯片中的文本或图形添加动作按钮的具体操作方法如下。

1 插入图标

单击【插入】选项卡【插图】组中的【形状】按钮，在弹出的下拉列表中选择【动作按钮】区域的【动作按钮：后退或前一项】图标。

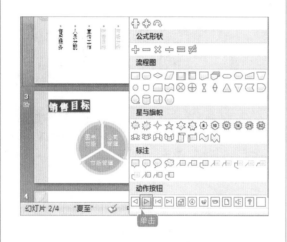

2 完成动作按钮的设置

在幻灯片适当位置单击并拖曳左键绘制图形，释放左键弹出【动作设置】对话框。选择【单击鼠标】选项卡，单击选中【超链接到】单选项，并在其下拉列表中选择【上一张幻灯片】选项，单击【确定】按钮，即可完成动作按钮的创建。

高手私房菜

技巧：制作电影字幕的动画效果

在PowerPoint 2007中可以轻松实现电影字幕的动画效果。

1 选择【其他效果】菜单命令

选择最后一张幻灯片，打开【自定义动画】窗口，删除原来的动画效果，选择【添加效果】▶【退出】▶【其他效果】菜单命令。

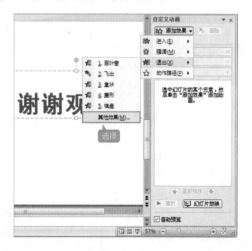

2 【添加退出效果】对话框

在【添加退出效果】对话框中，单击【华丽型】列表下的【字幕式】按钮，即可为幻灯片添加电影字幕的动画效果。

第15章

幻灯片演示
——放映公司简介 PPT

 本章视频教学时间：43 分钟

我们制作的 PPT 主要是用来给观众进行演示的，制作好的幻灯片通过检查之后就可以直接进行播放使用了，掌握幻灯片播放的方法与技巧并灵活使用，可以达到意想不到的效果。

【学习目标】

通过本章的学习，可以掌握幻灯片的演示方法和技巧。

【本章涉及知识点】

熟悉 PPT 的演示原则与技巧

掌握 PPT 演示操作的方法

掌握 PPT 自动演示的方法

15.1 幻灯片演示原则与技巧

 本节视频教学时间：20分钟

在介绍PPT的演示之前，先来介绍PPT演示应遵循的原则和一些演示技巧，以便在演示PPT时便于灵活运用。

15.1.1 PPT的演示原则

为了让制作的PPT更加出彩，效果更好，既要关注PowerPoint制作的要领，还要遵循PPT的演示原则。

1. 10种使用PowerPoint的方法

(1) 采用强有力的材料支持演示者的演示。

(2) 简单化。最有效的PowerPoint很简单，只需要易于理解的图表和反映演讲内容的图形。

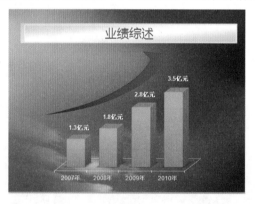

(3) 最小化幻灯片数量。PowerPoint的魅力在于能够以简明的方式传达观点和支持演讲者的评论，因此幻灯片的数量并不是越多越好。

(4) 不要照念PowerPoint。演示文稿与扩充性和讨论性的口头评论搭配才能达到最佳效果，而不是照念屏幕上的内容。

(5) 安排评论时间。在展示新幻灯片时，先要给观众阅读和理解幻灯片内容的机会，然后再加以评论，拓展并增补屏幕内容。

(6) 要有一定的间歇。PowerPoint是口头评语最有效的视觉搭配。经验丰富的PowerPoint演示者会不失时机地将屏幕转为空白或黑屏，这样不仅可以带给观众视觉上的休息，还可以有效地将注意力集中到更需要口头强调的内容中，例如分组讨论或问答环节等。

(7) 使用鲜明的颜色。文字、图表和背景颜色的强烈反差在传达信息和情感方面是非常有效的，恰当地运用鲜明的颜色，在传达演示意图时会起到事半功倍的效果。

(8) 导入其他影像和图表。使用外部影像（如视频）和图表能增强多样性和视觉吸引力。

(9) 演示前要严格编辑。在公众面前演示幻灯片前，一定要严格进行编辑，因为这是完善总体演示的好机会。

(10) 在演示结尾分发讲义，而不是在演示过程中。这样有利于集中观众的注意力，从而充分发挥演示文稿的意义。

2. PowerPoint 10/20/30原则

PPT的演示原则在这里我们总结为PowerPoint 10/20/30原则。

简单地说PowerPoint 10/20/30原则，就是一个PowerPoint演示文稿，应该只有10页幻灯片，持续时间不超过20分钟，字号不小于30磅。这一原则可适用于任何能达成协议的陈述，如募集资本、推销、建立合作关系等。

(1) PPT演示原则——10。

10，是PowerPoint演示中最理想的幻灯片页数。一个普通人在一次会议里不可能理解10个以上的概念。

这就要求在制作演示文稿的过程中要做到让幻灯片一目了然，包括文字内容要突出关键、化繁为简等。

简练的说明在吸引观众的眼球和博取听众的赞许方面是很有帮助的。

(2) PPT演示原则——20。

20，是指必须在20分钟里介绍你的10页PPT。事实上很少有人能在很长时间内保持注意力集中，你必须抓紧时间。在一个完美的情况下，你在20分钟内完成你的介绍，就可以留下较多点的时间进行讨论。

(3) PPT演示原则——30。

30，是指PPT文本内容的文本字号尽可能大。

大多数PPT都使用不超过20磅字体的文本，并试图在一页幻灯片里挤进尽可能多的文本。

每页幻灯片里都挤满字号很小的文本，一方面说明演示者对自己的材料不够熟悉，另一方面并不是文本越多越有说服力。这样的话往往抓不住观众的眼球，让人没有主次的感觉及新鲜感，也无法锁住观众的注意力。

因此在制作演示文稿的时候，要考虑在同一页幻灯片里不要使用过多的文本，用于演示的PPT字号不要太小。最好使用雅黑、黑体、幼圆和Arial等这些笔画比较均匀的字体。

15.1.2 PPT十大演示技巧

一个好的PPT演讲不是源于自然、有感而发，而是需要演讲者的精心策划与细致的准备，同样必须对PPT演讲的技巧有所了解。

1. PowerPoint自动黑屏

在使用PowerPoint进行报告时，有时候需要进行互动讨论，这时为了避免屏幕上的图片或小动画影响观众的注意力，可以按一下键盘中的【B】键，此时屏幕将会黑屏，待讨论完后再按一下【B】键即可恢复正常。

也可以在播放的演示文稿中单击鼠标右键，在弹出的快捷菜单中选择【屏幕】菜单选项，然后在其子菜单中选择【黑屏】或【白屏】菜单选项。

退出黑屏或白屏时，也可以在转换为黑屏或白屏的页面上单击鼠标右键，在弹出的快捷菜单中选择【屏幕】菜单选项，然后在其子菜单中选择【屏幕还原】菜单选项即可。

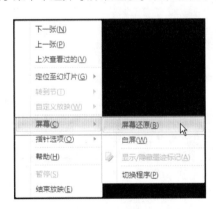

2. 快速定位放映中的幻灯片

在播放PowerPoint演示文稿时，如果要快进到或退回到第5张幻灯片，可以按下数字【5】键，然后再按下【Enter】键即可。

若要从任意位置返回到第一张幻灯片，同时按下鼠标左右键并停留2秒钟以上即可。

3. 在放映幻灯片时显示快捷方式

在放映幻灯片时，如果想用快捷键，但一时又忘了快捷键的操作，可以按下【F1】键（或【SHIFT+?】组合键），在弹出的【幻灯片放映帮助】对话框中可以显示快捷键的操作提示。

弹出【幻灯片放映帮助】对话框，也可以在播放演示文稿时，在页面上单击鼠标右键，在弹出的快捷菜单中选择【帮助】菜单选项。

4. 突破20次的撤消极限

通过使用【Ctrl+Z】组合键，可以撤消最后一步操作。PowerPoint的撤消功能为文稿编辑提供了很大方便，但PowerPoint默认的操作次数却只有20次。

单击【Office】按钮，从弹出的菜单中选择【PowerPoint选项】选项，弹出【PowerPoint选项】对话框。选择左侧的【高级】选项卡，在右侧的【编辑选项】区域的【最多可取消操作数】的文本框中将"20"更改为需要撤消的数即可。

5. PPT编辑放映两不误

想要在放映幻灯片的同时编辑其中的内容，或编辑的过程中查看放映效果，这样的操作是可以做到的。只按住【Ctrl】键不放，单击【幻灯片放映】选项卡【开始放映幻灯片】组中的【从头开始】按钮或【从当前幻灯片开始】按钮即可。

此时，幻灯片将演示窗口缩小至屏幕左上角。

修改幻灯片时，演示窗口会最小化，修改完成后再切换到演示窗口就可以看到相应的效果了。

6. 让幻灯片自动播放

要让PowerPoint的幻灯片自动播放，而不需要先打开PPT再播放。方法是打开文稿前将该文件的扩展名从.pptx改为.pps后再双击打开即可。这样一来就避免了每次都要先打开这个文件才能进行播放所带来的不便和烦琐。

在将扩展名从.pptx改为.pps时，会弹出【重命名】对话框，提示是否确实要更改。单击【是】按钮即可。

7. 让幻灯片自动播放

在PPT中有时候用鼠标定位对象不太准确，按住【Shift】键的同时，用鼠标水平或竖直移动对象，可以基本接近于直线平移。或者在按住【Ctrl】键的同时，用方向键来移动对象也可以精确到像素点的级别。

8. PPT中视图巧切换

在PPT窗口的状态栏右下角的视图切换区域可以实现普通视图、幻灯片浏览、阅读视图和幻灯片放映之间的切换。

按住【Shift】键的同时，单击状态栏中的【普通视图】按钮，则可以切换到幻灯片母版视图。

再次单击【普通视图】按钮可以返回到普通视图。

按住【Shift】键的同时，单击状态栏中的【幻灯片浏览】按钮，则可以切换到讲义母版视图。

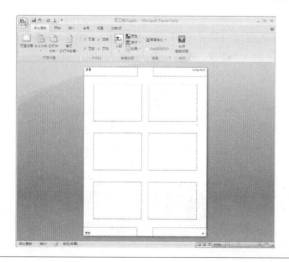

再次单击【幻灯片浏览】按钮则可以切换到幻灯片浏览视图。

9. 快速灵活改变图片颜色

利用PowerPoint制作的演示文稿课件，插入漂亮的剪贴画会为课件增色不少。可并不是所有的剪贴画都符合要求，剪贴画的颜色搭配可能会不合理。

首先选中剪贴画，然后单击【图片工具】➤【格式】选项卡【调整】组中【重设图片】右侧的下三角按钮，在弹出的菜单中选择【重设图片】或【重设图片和大小】菜单选项即可。

重设颜色后的剪贴画效果如下图所示。

10. 保存特殊字体

为了获得好的效果，人们通常会在幻灯片中使用一些非常漂亮的字体，可是将幻灯片复制到演示现场进行播放时，这些字体变成了普通字体，甚至还因字体而导致格式变得不整齐，严重影响演示效果。

在PowerPoint中可以同时将这些特殊字体保存下来以供使用。

单击【文件】选项卡，在弹出的下拉菜单中选择【另存为】菜单命令，弹出【另存为】对话框。

在该对话框中单击【工具】按钮，从弹出的下拉列表中选择【保存选项】选项。

在弹出的【PowerPoint选项】对话框中单击选中【将字体嵌入文件】复选框，然后根据需要选中【仅嵌入演示文稿中使用的字符（适于减小文件大小）】或【嵌入所有字符（适于其他人编辑）】单选按钮，最后单击【确定】按钮保存该文件即可。

15.2 演示方式

本节视频教学时间：7分钟

在PowerPoint 2007中，演示文稿的放映类型包括演讲者放映、观众自行浏览和在展台浏览等3种。

具体演示方式的设置可以通过单击【幻灯片放映】选项卡【设置】选项组中的【设置幻灯片放映】按钮，然后在弹出的【设置放映方式】对话框中进行放映类型、放映选项及换片方式等设置。

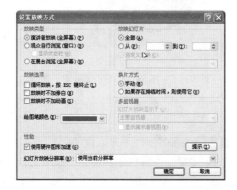

15.2.1 演讲者放映

演示文稿放映方式中的演讲者放映方式是指由演讲者一边讲解一边放映幻灯片，此演示方式一般用于比较正式的场合，如专题讲座、学术报告等。

将演示文稿的放映方式设置为演讲者放映的具体操作方法如下。

1 打开素材

打开随书光盘中的"素材\ch15\员工培训.pptx"文件。单击【幻灯片放映】选项卡【设置】组中的【设置幻灯片放映】按钮。

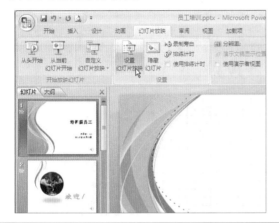

2 设置【设置放映方式】对话框

弹出【设置放映方式】对话框，在【放映类型】区域中选中【演讲者放映（全屏幕）】单选项，即可将放映方式设置为演讲者放映方式。

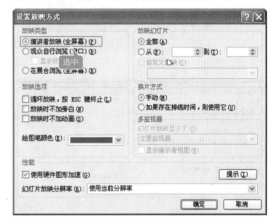

3 设置放映方式和换片方式

在【设置放映方式】对话框的【放映选项】区域单击选中【循环放映，按Esc键终止】复选框，在【换片方式】区域中单击选中【手动】单选项，设置演示过程中换片方式为手动，设置如下图所示。

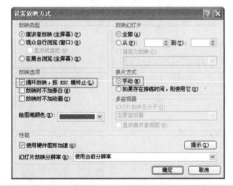

工作经验小贴士

单击选中【循环放映，按Esc键终止】复选框，可以设置在最后一张幻灯片放映结束后，自动返回到第一张幻灯片继续放映，直到按下盘上的【Esc】键结束放映。单击选中【放映时不加旁白】复选框表示在放映时不播放在幻灯片中添加的声音。单击选中【放映时不加动画】复选框表示在放映时原来设定的动画效果将被屏蔽。

4 全屏幕演示PPT

单击【确定】按钮完成设置，按【F5】快捷键即可进行全屏幕的PPT演示。如下图所示为演讲者放映方式下的第2页幻灯片的演示状态。

工作经验小贴士

在【换片方式】区域中单击选中【如果存在排练时间，则使用它】单选项，这样多媒体报告在放映时便能自动换页。如果选中【手动】单选按钮，则在放映多媒体报告时，必须单击鼠标才能切换幻灯片。

15.2.2 观众自行浏览

观众自行浏览由观众自己动手使用计算机观看幻灯片。如果希望让观众自己浏览多媒体报告，可以将多媒体报告的放映方式设置成观众自行浏览。

下面介绍观众自行浏览"员工培训.pptx"幻灯片的具体操作步骤。

1 设置放映类型为观众自行浏览

单击【幻灯片放映】选项卡【设置】组中的【设置幻灯片放映】按钮，弹出【设置放映方式】对话框。在【放映类型】区域中选中【观众自行浏览（窗口）】单选按钮；在【放映幻灯片】区域中选中【从…到…】单选按钮，并在第2个文本框中输入"4"，设置从第1页到第4页的幻灯片放映方式为观众自行浏览。

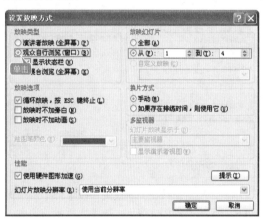

2 按【F5】快捷键

单击【确定】按钮完成设置，按【F5】快捷键进行演示文稿的演示。可以看到设置后的前4页幻灯片以窗口的形式出现。

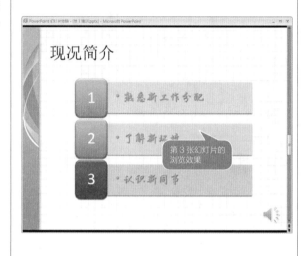

15.2.3 在展台浏览

在展台浏览放映方式可以让多媒体报告自动放映，而不需要演讲者操作。有些场合需要让多媒体报告自动放映，例如放在展览会的产品展示等。

打开演示文稿后，单击【幻灯片放映】选项卡【设置】组中的【设置幻灯片放映】按钮，在弹出的【设置放映方式】对话框的【放映类型】区域中选中【在展台浏览（全屏幕）】单选项，即可将演示方式设置为在展台浏览。

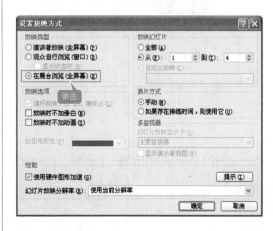

工作经验小贴士

可以将展台演示文稿设置为当参观者查看完整个演示文稿后或者演示文稿保持闲置状态达到一段时间后，自动返回至演示文稿首页，这样，就不必时刻守着展台了。

15.3 开始演示幻灯片

本节视频教学时间：8分钟

默认情况下，幻灯片的放映方式为普通手动放映。读者可以根据实际需要，设置幻灯片的放映方法，如自动放映、自定义放映和排列计时放映等。

15.3.1 从头开始放映

放映幻灯片一般是从头开始放映的，从头开始放映的具体操作步骤如下。

1 设置从头放映

单击【幻灯片放映】选项卡【开始放映幻灯片】组中的【从头开始】按钮。

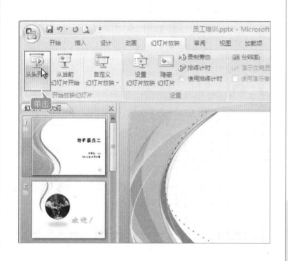

2 播放幻灯片

系统从头开始播放幻灯片。单击鼠标，或按【Enter】键或空格键即可切换到下一张幻灯片。

工作经验小贴士

按键盘上的上、下、左、右方向键也可以向上或向下切换幻灯片。

15.3.2 从当前幻灯片开始放映

在放映"员工培训"幻灯片时可以从选定的当前幻灯片开始放映，具体操作步骤如下。

1 选择开始放映的幻灯片

选中第3张幻灯片，单击【幻灯片放映】选项卡【开始放映幻灯片】组中的【从当前幻灯片开始】按钮。

2 播放幻灯片

系统即可从当前幻灯片开始播放幻灯片。按【Enter】键或空格键即可切换到下一张幻灯片。

15.3.3 自定义多种放映方式

利用PowerPoint的【自定义幻灯片放映】功能，可以为幻灯片设置多种自定义放映方式。设置"员工培训.pptx"演示文稿自动放映的具体操作步骤如下。

1 选择【自定义放映】菜单

单击【幻灯片放映】选项卡【开始放映幻灯片】组中的【自定义幻灯片放映】按钮，在弹出的下拉菜单中选择【自定义放映】菜单命令。

2 弹出【定义自定义放映】对话框

弹出【自定义放映】对话框，单击【新建】按钮，弹出【定义自定义放映】对话框。

3 自定义放映的幻灯片

在【在演示文稿中的幻灯片】列表框中选择需要放映的幻灯片，然后单击【添加】按钮即可将选中的幻灯片添加到【在自定义放映中的幻灯片】列表框中。单击【确定】按钮，返回到【自定义放映】对话框。

4 查看自动放映效果

单击【放映】按钮，可以查看自动放映效果。

15.3.4 放映时隐藏指定幻灯片

在演示文稿中可以将某一张或多张幻灯片隐藏，这样在全屏放映幻灯片时就可以不显示此幻灯片。

1 单击【隐藏幻灯片】按钮

选中第7张幻灯片，单击【幻灯片放映】选项卡【设置】组中的【隐藏幻灯片】按钮。

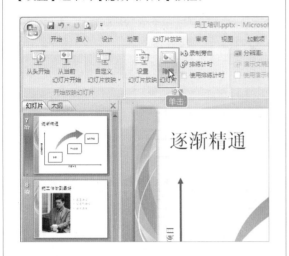

2 插入图片

即可在【幻灯片/大纲】窗格中的【幻灯片】选项卡下的缩略图中看到第7张幻灯片编号显示为隐藏状态，这样在放映幻灯片的时候第7张幻灯片就会被隐藏起来。

15.4 添加演讲者备注

📽 本节视频教学时间：3分钟

使用演讲者备注可以详尽阐述幻灯片中的要点，好的备注既可帮助演示者引领观众的思绪，又可以防止幻灯片上的文本泛滥。

15.4.1 添加备注

创作幻灯片的内容时，可以在【幻灯片】窗格下方的【备注】窗格中添加备注，以便详尽阐述幻灯片的内容。演讲者可以将这些备注打印出来，以供在演示过程中作为参考。

下面介绍在"员工培训.pptx"演示文稿中添加备注的具体操作步骤。

1 选择添加备注的幻灯片

选中第2张幻灯片，在【备注】窗格中的"单击此处添加备注"处单击，输入如下图所示的备注内容。

2 播放幻灯片

将鼠标指针指向【备注】窗格的上边框，当指针变为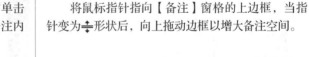形状后，向上拖动边框以增大备注空间。

15.4.2 使用演示者视图

为演示文稿添加备注后，为观众放映幻灯片时，演示者可以使用演示者视图在另一台监视器上查看备注内容。

在使用演示者视图放映时，演示者可以通过预览文本浏览到下一次单击将添加到屏幕上的内容，并可以将演讲者备注内容以清晰的大字体显示以便演示者查看。

工作经验小贴士

使用演示者视图，必须保证进行演示的计算机上能够支持两台显示器，PowerPoint对于演示文稿最多支持使用两台显示器。

15.5 排练计时

 本节视频教学时间：5分钟

在公众场合进行PPT的演示之前需要掌握好PPT演示的时间，以便符合整个展示或演讲的需要，为此需要测定幻灯片放映时的停留时间。对"员工培训.pptx"演示文稿排练计时的操作步骤如下。

1 单击【排练计时】按钮	**2** 系统自动切换到放映模式
打开素材后，单击【幻灯片放映】选项卡【设置】组中的【排练计时】按钮。	系统会自动切换到放映模式，并弹出【录制】对话框，在【录制】对话框上会自动计算出当前幻灯片的排练时间，时间的单位为秒。

工作经验小贴士

如果对演示文稿的每一张幻灯片都需要"排练计时"，则可以定位于演示文稿的第一张幻灯片中。

3 【预演】对话框

在【预演】对话框中可看到排练时间，如下图所示。

4 排练完成

排练完成后，系统会显示一个警告的消息框，显示当前幻灯片放映的总共时间。单击【是】按钮，完成幻灯片的排练计时。

 工作经验小贴士

通常在放映过程中，需要临时查看或跳到某一张幻灯片时，可通过【录制】对话框中的按钮来实现。

(1)【下一项】：切换到下一张幻灯片。
(2)【暂停】：暂时停止计时后再次单击会恢复计时。
(3)【重复】：重复排练当前幻灯片。

举一反三

在PowerPoint 2007中放映公司简介PPT时，可以根据需要选择放映的方式、添加演讲者备注或者让PPT自动演示。通过本章的学习，我们还可以在放映公司行销企划案PPT、发展战略研讨会PPT等演示文稿时，快速定位幻灯片并使用绘画笔在幻灯片上进行标注。

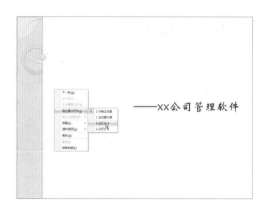

 # 高手私房菜

技巧1：取消以黑幻灯片结束

经常要制作并放映幻灯片的朋友都知道，每次幻灯片放映完后，屏幕总会显示为黑屏，如果此时接着放映下一组幻灯片的话，就会影响观赏效果。接下来介绍一下取消以黑幻灯片结束幻灯片放映的方法。

<table>
<tr><td>**1** 弹出【PowerPoint选项】对话框</td><td>**2** 设置【PowerPoint选项】对话框</td></tr>
</table>

打开随书光盘中的 "素材\ch15\公司简介.pptx" 文件。单击【文件】选项卡，从弹出的菜单中选择【选项】选项，弹出【PowerPoint选项】对话框。

选择左侧的【高级】选项卡，在右侧的【幻灯片放映】区域中撤消选中【以黑幻灯片结束】复选框。单击【确定】按钮即可取消以黑幻灯片结束的操作。

技巧2：在窗口模式下播放PPT

在播放PPT演示文稿的时候，如果想要进行其他的操作，就需要先进行切换。这样反复操作起来很麻烦，但是通过PPT窗口模式播放就解决了这一难题。

在窗口模式下播放PPT方法：在按住【Alt】键的同时，依次按【D】键和【V】键即可。

第16章

幻灯片的打印与发布

——打印诗词鉴赏 PPT

 本章视频教学时间：25 分钟

通过PowerPoint 2007新增的幻灯片分节显示功能可以更好地管理幻灯片。幻灯片除了可在计算机屏幕上作电子展示外，还可以将它们打印出来长期保存。通过发布幻灯片，能够轻松共享和打印这些文件。

【学习目标】

幻灯片的打印与发布是办公中常见的问题，通过本章的学习，读者可以快速掌握幻灯片的打印和发布。

【本章涉及知识点】

- 熟悉幻灯片的打印与发布
- 掌握打印幻灯片的操作方法
- 熟悉将幻灯片发布为其他格式的方法
- 掌握打包幻灯片的方法

16.1 打印幻灯片

本节视频教学时间：9分钟

　　幻灯片除了可在计算机屏幕上作电子展示外，还可以将它们打印出来长期保存。PowerPoint 2007的打印功能非常强大，不仅可以将幻灯片打印到纸上，还可以打印到投影胶片上通过投影仪来放映。

1 【打印】选项

　　打开随书光盘中的"素材\ch16\诗词鉴赏.pptx"文件。在打开的"诗词鉴赏"演示文稿中，单击【Office】按钮，在弹出的下拉菜单中选择【打印】▶【打印】菜单命令，弹出打印设置界面。

2 打开【打印】对话框

　　打开【打印】对话框，单击【属性】按钮。

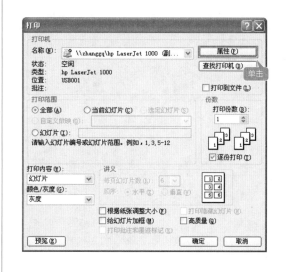

3 【完成】选项卡

　　打开【属性】对话框，选择【完成】选项卡，在弹出的界面中可以设置每张纸上的页面数及打印质量。

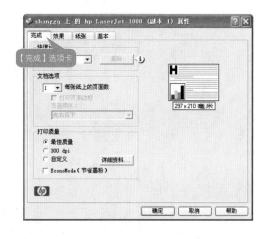

4 【效果】选项卡

　　选择【效果】选项卡，在弹出的界面中可以设置打印效果，如是否添加水印等。

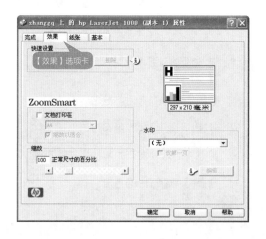

5 【纸张】选项卡

选择【纸张】选项卡，在弹出的界面中可以设置打印尺寸。

6 【基本】选项卡

选择【基本】选项卡，在该界面中设置打印份数和打印方向，设置完成后单击【确定】按钮。

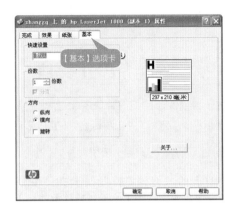

7 设置打印范围

在【打印范围】中单击选中【当前幻灯片】单选项，设置只打印当前幻灯片。

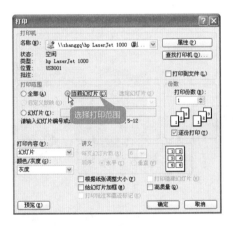

8 设置打印版式、边框

单击【打印内容】右侧的下三角按钮，在弹出的下拉菜单中可以设置打印的内容，如幻灯片、讲义、备注页或大纲视图。本实例选择打印幻灯片。

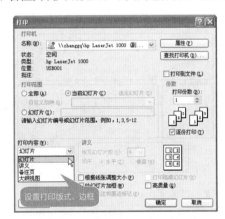

9 设置打印顺序和颜色

单击【颜色/灰度】右侧的下三角按钮，在弹出的下拉选项中可设置幻灯片打印时的颜色。

10 打印演示文稿

设置完成后单击【确定】按钮即可根据设置打印。

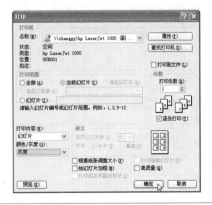

16.2 发布为其他格式

本节视频教学时间：7分钟

利用PowerPoint 2007的保存并发送功能可以将演示文稿创建为PDF文档或视频，还可以将演示文稿打包为CD。

16.2.1 创建为PDF文档

对于希望保存的幻灯片，不想让他人修改，但还希望能够轻松共享和打印这些文件。此时可以使用PowerPoint 2007将文件转换为PDF或XPS格式，而无需其他软件或加载项。

1 【创建PDF/XPS文档】按钮

在打开的"诗词鉴赏"演示文稿中，单击【Office】按钮，在弹出的下拉菜单中选择【另存为】菜单命令，在弹出的子菜单中选择【PDF或XPS】菜单命令。

2 设置保存路径和文件名

弹出【发布为PDF或XPS】对话框，在【保存位置】文本框和【文件名】文本框中选择保存的路径，并输入文件名称，然后单击【选项】按钮。

工作经验小贴士

在【优化】选项列表中，用户可以根据需要进行选择创建标准pdf文档或者创建最小文件大小。

3 【选项】对话框

在弹出的【选项】对话框中设置保存的范围、保存选项和PDF选项等参数，单击【确定】按钮，返回【发布为PDF或者XPS】对话框，单击【发布】按钮。

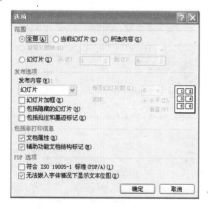

4 发布为PDF

系统开始自动发布幻灯片文件，发布完成后，自动打开保存的PDF文件。

16.2.2 保存为视频格式文档

可以将演示文稿保存为视频，其操作也很简单。

1 选择【PowerPoint放映】菜单命令

在【另存为】菜单命令的子菜单中选择【PowerPoint放映】菜单命令。

2 设置保存路径和文件名

弹出【另存为】对话框。在【保存位置】和【文件名】文本框中分别设置保存路径和文件名，单击【保存】按钮。

3 选择文件

根据文件保存的路径找到保存后的视频文件，选择"诗词鉴赏.ppsx"文件。

4 查看文件

双击打开文件，即可进行文件查看。

16.3 在没有安装PowerPoint的电脑上放映PPT

本节视频教学时间：9分钟

如果所使用的计算机上没有安装PowerPoint软件，但仍可以打开幻灯片文档。通过使用PowerPoint 2007提供的【打包成CD】功能，可以实现在任意电脑上播放幻灯片的目的。

1 【将演示文稿打包成CD】菜单命令

在【保存并发送】菜单命令的子菜单中选择【将演示文稿打包成CD】菜单命令，然后单击【打包成CD】按钮。

2 单击【添加文件】按钮

弹出【打包成CD】对话框，单击【添加文件】按钮。

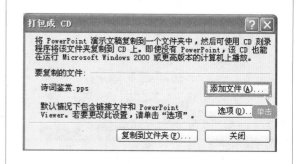

3 添加文件

弹出【添加文件】对话框，选择要添加文件夹路径及名称，单击【添加】按钮。

4 单击【选项】按钮

弹出【打包成CD】对话框，可以看到新添加的幻灯片。再单击【选项】按钮。

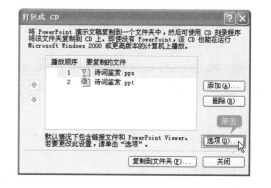

5 设置密码

在弹出的【选项】对话框中可以设置要打包文件的安全性等选项。在"增强安全性和隐私保护"下设置密码后单击【确定】按钮。

6 确认密码

在弹出的【确定密码】对话框中再次输入密码，单击【确定】按钮后，再次确认密码即可。

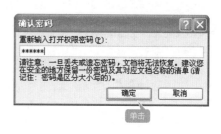

7 设置文件名称及保存路径

返回到【打包成CD】对话框。单击【复制到文件夹】按钮，在弹出的【复制到文件夹】对话框的【文件夹名称】和【位置】文本框中分别设置文件夹名称和保存位置。

8 关闭提示对话框

单击【确定】按钮，弹出【Microsoft PowerPoint】提示对话框，这里单击【是】按钮，系统开始自动复制文件到文件夹。

9 CD文件夹

复制完成后，系统自动打开生成的CD文件夹。如果所使用计算机上没有安装PowerPoint，操作系统将自动运行"AUTORUN.INF"文件，并播放幻灯片文件。

10 关闭【打包成CD】对话框

返回【打包成CD】对话框中，单击【关闭】按钮，完成打包操作。

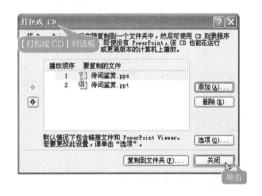

举一反三

PPT文件能转化成PDF文件，反过来，PDF文件也能转化成PPT文件，不过这需要我们下载第三方软件才能进行操作。如下载安装"PDF转换器"，即可方便地将PDF文件转换成各种流行的文件格式，如PPT、DOC、XLS、TXT等。

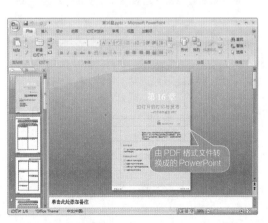

高手私房菜

技巧：节约纸张和墨水打印幻灯片

将幻灯片打印出来可以方便校对其中的文字，但如果一张纸只打印出一张幻灯片太浪费了，可以通过设置一张纸打印多张幻灯片来解决此问题。

1 选择【打印】选项

打开需要打印的包含多张幻灯片的演示文稿，单击【Office】按钮，在弹出的下拉菜单中选择【打印】菜单命令，在弹出的子菜单中选择【打印】菜单命令。

2 设置打印内容

弹出【打印】对话框，在【打印内容】区域中单击右侧的下三角按钮，在弹出的下拉菜单中选择【讲义】选项，此时【讲义】区域处于可用状态。设置【每页幻灯片数】为"9"。

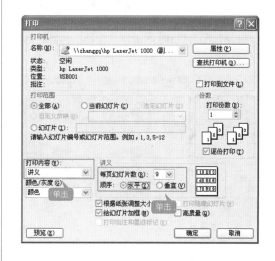

3 选择【灰度】选项

单击【颜色/灰度】区域右侧的下三角按钮，在弹出的下拉菜单中选择【灰度】选项可以节省打印墨水。

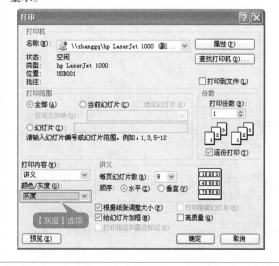

4 查看预览效果

经过以上打印设置，单击【预览】按钮，即可查看设置结果，单击【打印】按钮即可打印演示文件稿。

第17章

Office 2007 的行业应用

——文秘办公

 本章视频教学时间：37 分钟

熟练操作Office 2007系列应用软件可以大大提高文秘工作者的效率和质量。

【学习目标】

通过本章的学习，可以熟悉 Office 系列办公软件在文秘办公中的应用，提高办公效率。

【本章涉及知识点】

掌握使用 Word 2007 制作公司简报的方法

掌握使用 Excel 2007 制作日程安排表的方法

掌握使用 PowerPoint 2007 制作会议 PPT 的方法

17.1 制作公司简报

本节视频教学时间：15分钟

公司简报是传递公司信息的内部小报，具有汇报性、交流性和指导性以及简短、灵活、快捷的特征。一份好的公司简报，能够及时准确地传递公司内部的消息。

17.1.1 制作报头

简报的报头由简报名称、期号、编印单位以及印发日期等组成。制作简报的报头的具体步骤如下。

1 新建文档

新建一个Word文档，命名为"公司简报.docx"，并将其打开。

2 选择艺术字

单击【插入】选项卡【文本】选项组中的【艺术字】按钮，在弹出的下拉列表中选择一种艺术字样式。

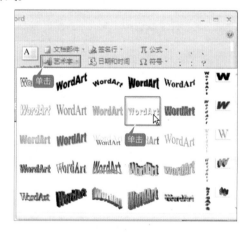

3 插入艺术字

在【编辑艺术字文字】对话框框中输入"公司简报"，单击【确定】按钮，完成艺术字插入。

4 选择【设置艺术字格式】菜单选项

选中艺术字并单击鼠标右键，在弹出的快捷菜单中选择【设置艺术字格式】菜单选项。

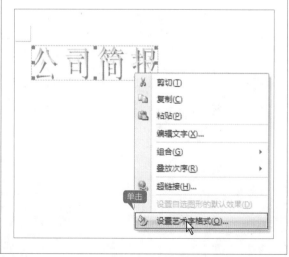

5 设置【布局】对话框

弹出【设置艺术字格式】对话框,单击【版式】选项卡,设置【环绕方式】为【嵌入型】。

6 添加表头信息

单击【确定】按钮,关闭【设置艺术字格式】对话框。在【开始】选项卡的【段落】选项组中单击【居中】按钮▇,对艺术字进行居中设置。

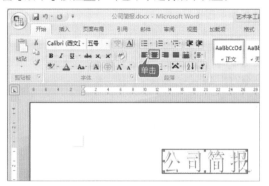

7 输入报头的其他信息

按【Enter】键,输入报头的其他信息,并进行版式设计。

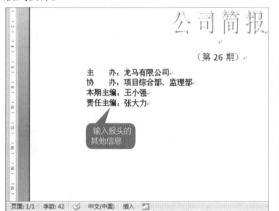

8 插入形状

将鼠标光标定位在报头信息的下方,单击【插入】选项卡【插图】选项组中的【形状】按钮,在弹出的下拉列表中选择【直线】选项。

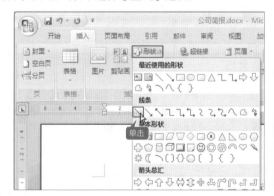

9 绘制一条横线

绘制一条横线,并选中横线单击鼠标右键,在弹出的快捷菜单中选择【设置自选图形格式】菜单选项。弹出【设置自选图形格式】对话框,在【颜色与线条】选项卡下的【线条】选项组中设置【线条】的【颜色】为【红色】,设置【粗细】为【3磅】。

10 查看简报报头的最终效果

单击【关闭】按钮,关闭【设置形状格式】对话框。简报报头的最终效果如图所示。

17.1.2 制作报核

报核，即简报所刊载的一篇或几篇文章。本小节以随书光盘中的"素材\ch17\简报资料.docx"文档中所提供的简报内容为例。

1 复制简报资料

将鼠标光标定位在报头的下方，然后打开随书光盘中的"素材\ch17\简报资料.docx"文档，复制文章的相关内容到当前文档中。

2 设置文章标题

选择文章标题，在【开始】选项卡的【字体】选项组中，设置【字体】为【黑体】，【字号】为【四号】，单击【加粗】按钮B，然后在【开始】选项卡的【段落】选项组中单击【居中】按钮，设置的效果如图所示。

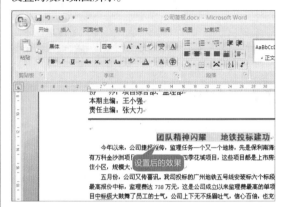

3 分栏

选中文章内容，单击【页面布局】选项卡【页面设置】选项组中的【分栏】按钮，在弹出的下拉列表中选择【两栏】选项。

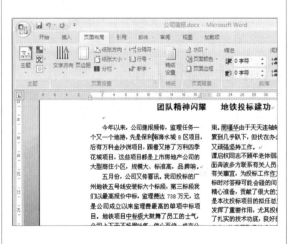

4 插入剪贴画

将鼠标光标定位在文章第1段的前面，单击【插入】选项卡【插图】选项组中的【剪贴画】按钮，在弹出的【剪贴画】任务窗格中选择一幅剪贴画并插入文档中。

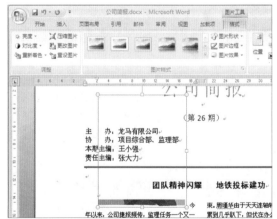

工作经验小贴士
单击【页面设置】选项组中的【分栏】按钮，在弹出的下拉列表中选择【更多】分栏，弹出【分栏】对话框，用户可以根据需要设置【栏数】。

工作经验小贴士
在弹出的【剪贴画】任务窗格中，用户可以在【搜索文字】搜索框中输入需要搜索的剪贴画的相关文字，然后单击【搜索】按钮即可搜索到相关的剪贴画。

5 选设置剪贴画的环绕方式

选中剪贴画并单击鼠标右键，在弹出的快捷菜单中选择【文字环绕】菜单选项，在下级子菜单中选择【紧密型环绕】菜单选项。

6 查看设置后的效果

拖曳剪贴画至适当的位置，并适当调整剪贴画的大小，完成剪贴画的插入。最终效果如图所示。

17.1.3 制作报尾

在简报最后一页的下部，用一条横线与报核隔开，横线下左边写明发送的范围，在平行的右侧写明印刷的份数。

1 绘制并设置直线

绘制一条横线，设置线条的【颜色】为【灰色】，【线型】的【宽度】为【0.75磅】。在横线下方的左侧输入"派送范围：公司各部门、各科室、各经理、各组长处"，在其右侧输入"印数：50份"，最终效果如图所示。

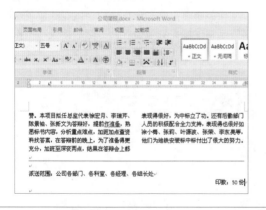

2 查看最终效果

简报完成后的最终效果如图所示。

17.2 制作日程安排表

本节视频教学时间：11分钟

为了有计划地安排工作，并有条不紊地工作，需要设计一个工作日程安排表，以直观地显示近期要做的工作和已经完成的工作。

17.2.1 设计表格

在制作日程安排表中，首先，需要建立一个表格，表格多种多样，可以根据自己的需要进行设置，使表格看上去更舒心。

1 新建工作表

打开Excel 2007，新建一个工作簿，选择sheet1工作表，将其重命名为"日程安排"。在A2:F2单元格区域，分别输入表头"日期、时间、工作内容、地点、准备内容及参与人员"。

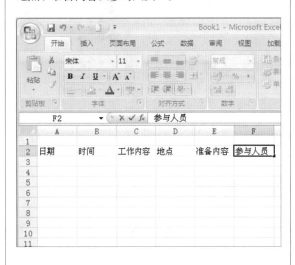

2 设置单元格

选择A1:F1单元格区域，在【开始】选项卡中单击【对齐方式】选项组中的【合并后居中】按钮。选择A2:F2单元格区域，在【字体】选项组中设置【字体】为"华文楷体"，设置【字号】为"16"，然后单击【对齐方式】选项组中的【居中】按钮，并调整列宽。

3 插入艺术字

在【插入】选项卡中，单击【文本】选项组中的【艺术字】按钮，在弹出的列表中选择第5行第3列的样式。

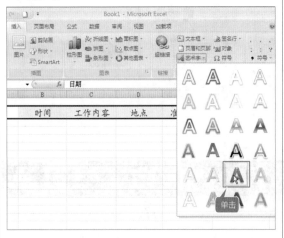

4 输入艺术字内容

工作表中会出现艺术字体的"请在此放置您的文字"。将鼠标光标定位在此，然后输入"工作日程安排表"。

> **工作经验小贴士**
>
> 使用艺术字可以让表格显得美观活泼，但稍显不够庄重。一般在正式的表格中，应避免使用艺术字。

5 设置艺术字

适当地调整第1行的行高，选中"工作日程安排表"这几个字，在【开始】选项卡的【字体】选项组中的【字号】文本框中输入"40"。

7 输入日程信息

选择A3:F5单元格区域，依次输入日程信息，并适当地调整行高和列宽。

6 调整艺术字位置

将鼠标光标放在艺术字上，光标变为十字箭头时按住鼠标左键，拖曳至在A1:F1单元格区域。

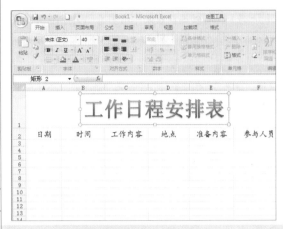

工作经验小贴士

通常单元格的默认格式为【常规】，输入日期后不能正确显示，往往会显示一个5位数字。这时可以选中要输入日期的单元格，单击鼠标右键，在弹出的快捷菜单中选择【设置单元格格式】菜单选项，弹出【设置单元格格式】对话框，选择【数字】选项卡，然后在【分类】列表框中选择【日期】选项，在右边的【类型】中选择适当的格式。将单元格格式设置为【日期】类型，可避免出现显示不当一类的错误。

17.2.2 设置条件格式

输入日程表内容之后就可以开始设置条件格式。

1 单击【条件格式】按钮

选择A3:A10单元格区域，在【开始】选项卡中单击【样式】选项组中的【条件格式】按钮，在弹出的菜单中选择【新建规则】菜单选项。

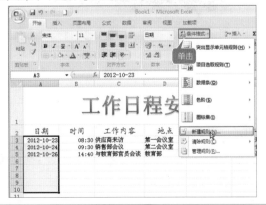

2 设置规则类型

弹出【新建格式规则】对话框，在【选择规则类型】列表框中选择【只为包含以下内容的单元格设置格式】，在【编辑规则说明】区域的第1个下拉列表中选择【单元格值】选项，在第2个下拉列表中选择【大于】选项，在右侧的文本框中输入"=TODAY()"。

3 设置单元格格式

在【新建格式规则】对话框中单击【格式】按钮，打开【设置单元格格式】对话框，选择【填充】选项卡，在【背景色】中选择一种颜色，在【示例】区可以预览效果，单击【确定】按钮，回到【新建格式规则】对话框，然后单击【确定】按钮。

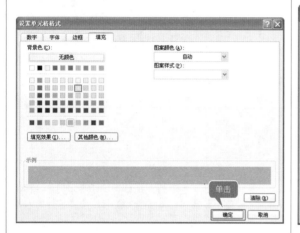

4 设置规则

重复步骤1，弹出【新建格式规则】对话框，在【选择规则类型框】列表框中选择【只为包含以下内容的单元格设置格式】选项，在【编辑规则说明】区域的第1个下拉列表中选择【单元格值】选项，在第2个下拉列表中选择【等于】选项，在右侧的文本框中输入"=TODAY()"。

5 设置【设置单元格格式】对话框

在【新建格式规则】对话框中单击【格式】按钮，打开【设置单元格格式】对话框，选择【填充】选项卡，在【背景色】中选择另一种颜色，在【示例】区可以预览效果。

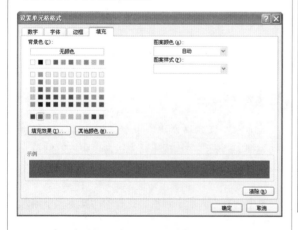

6 回到【新建格式规则】对话框

单击【确定】按钮，回到【新建格式规则】对话框，然后单击【确定】按钮。

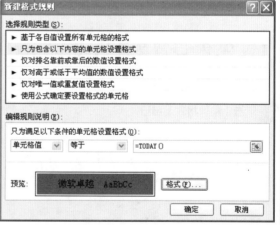

工作经验小贴士

如果编辑条件格式时，不小心多设了规则或设错了规则，可以在【开始】选项卡中，单击【样式】选项组中的【条件格式】按钮，在弹出的菜单中选择【管理规则】菜单选项，在打开的【条件格式规则管理器】对话框中，可以看到当前已有的规则，单击其中的【新建规则】、【编辑规则】和【删除规则】等按钮，即可对条件格式进行添加、更改和删除设置。

7 新建规则

参照步骤1~4，新建规则，将日期小于今天的单元格背景设为紫色，工作表则会显示设置的结果。可以看到，这一天之前的日期背景色为紫色，当天的为红色，而之后的则为绿色，尚未输入内容的单元格也呈紫色。

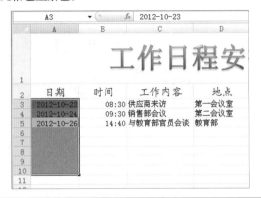

8 查看效果

继续输入日期日程，已定义格式的单元格就会遵循设置的条件，显示不同的背景色。

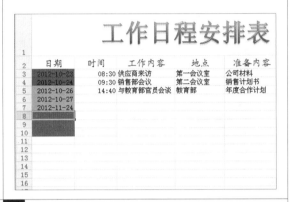

9 设置表格边框

选择A2:F10单元格区域，在【开始】选项卡中，单击【字体】选项组中的【边框】按钮右侧的倒三角箭头，在弹出的下拉菜单中选择【所有框线】菜单选项，即可为表格添加边框。

10 保存表格

单击【快速访问工具栏】中的【保存】按钮，弹出【另存为】对话框，在【文件名】文本框中输入"工作日程安排表.xlsx"，然后单击【保存】按钮即可。

17.3 制作会议PPT

本节视频教学时间：11分钟

会议是人们为了解决某个共同的问题或出于不同的目的聚集在一起进行讨论、交流的活动。本节制作一个发展战略研讨会的幻灯片。

17.3.1 创建会议首页幻灯片页面

制作会议PPT需要创建会议首页幻灯片页面。

1 启动PowerPoint 2007

启动PowerPoint 2007，进入PowerPoint工作界面。

2 设置主题

单击【设计】选项卡【主题】选项组中的【其他】按钮，在弹出的下拉列表中选择【内置】区域中的【凸显】选项。

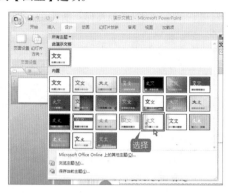

3 插入艺术字

删除【单击此处添加标题】文本框，单击【插入】选项卡【文本】选项组中的【艺术字】按钮，在弹出的下拉列表中选择"填充 - 褐色，强调文字颜色2，暖色粗糙棱台"选项。

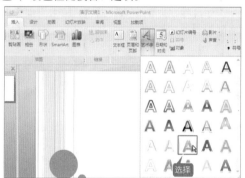

4 设置艺术字

在插入的艺术字文本框中输入"发展战略研讨会"文本，并设置【字号】为"80"，【字体】为"黑体"，并调整艺术字的位置。

5 设置艺术字格式

选中艺术字，单击【格式】选项卡【艺术字样式】选项组中的【文字效果】按钮，在弹出的下拉列表中选择【映像】选项下的【紧密映像，接触】选项。

6 输入并设置副标题

单击【单击此处添加副标题】文本框，输入"主讲人：孔经理、李部长"文本，设置【字体】为"隶书"，【字号】为"36"，并拖曳文本框至合适的位置。

17.3.2 创建会议内容幻灯片页面

创建会议内容幻灯片页面的具体步骤如下。

1 新建【标题和内容】幻灯片

单击【开始】选项卡【幻灯片】选项组中的【新建幻灯片】按钮，在弹出的下拉列表中选择【标题和内容】幻灯片选项。

2 输入并设置标题

在新添加的幻灯片中单击【单击此处添加标题】文本框，输入"会议内容"文本，设置【字体】为"隶书"且加粗，【字号】为"40"。

3 选择【横排文本框】选项

将【单击此处添加文本】文本框删除，之后单击【插入】选项卡【文本】选项组中的【文本框】按钮，在弹出的下拉列表中选择【横排文本框】选项。

4 绘制文本框，并输入相关的文本

绘制一个文本框，并输入相关的文本内容，设置【字体】为"华文新魏"，【字号】为"24"，之后对文本框进行移动调整。

5 插入图片

单击【插入】选项卡【插图】选项组中的【图片】按钮，在弹出的【插入图片】对话框中选择随书光盘中的"素材\ch17\会议.jpg"文件。

6 调整图片的位置

单击【插入】按钮，将图片插入幻灯片并调整其位置，效果如图所示。

7 选择【飞入】动画

选中文本框中的文字，单击【动画】选项卡【动画】选项组中的【动画】按钮后的下拉按钮，在弹出的下拉列表中选择【接第一级段落】选项。

8 设置自定义动画

单击【动画】选项卡【动画】选项组中的【自定义动画】按钮，弹出【自定义动画】窗格，之后单击【动画窗格】窗格中的动画选项右侧的下拉按钮，设置2~5行文字的动画效果为"从上一项之后开始"。

9 设置图片的动画为"淡出"

选中图片，为图片添加"棋盘"动画效果，在【动画窗格】窗格中设置动画效果为"从上一项之后开始"，效果如图所示。

10 为幻灯片设置切换效果

单击【动画】选项卡【切换到此幻灯片】选项组中的【其他】按钮，在弹出的下拉列表中选择任意选项，为本张幻灯片设置切换效果。

17.3.3 创建会议讨论幻灯片页面

创建会议讨论幻灯片页面的具体步骤如下。

1 新建幻灯片

单击【开始】选项卡【幻灯片】选项组中的【新建幻灯片】按钮，在弹出的下拉列表中选择【标题和内容】幻灯片选项。

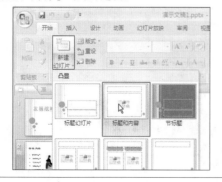

2 输入并设置标题

在新添加的幻灯片中单击【单击此处添加标题】文本框，输入"讨论"文本内容，设置【字体】为"隶书"且加粗，【字号】为"40"。

3 绘制文本框并输入文本

将【单击此处添加文本】文本框删除，之后绘制一个文本框，并输入相关的文本内容，然后设置【字体】为"华文新魏"，【字号】为"24"，并对文本框进行移动调整。

4 插入图片

单击【插入】选项卡【插图】选项组中的【图片】按钮，在弹出的【插入图片】对话框中选择随书光盘中的"素材\ch17\讨论.jpg"文件。

5 调整图片的位置

单击【插入】按钮，将图片插入幻灯片，并调整图片的位置，效果如图所示。

6 设置文本动画

选中文本框，单击【动画】选项卡【动画】选项组中的【动画】按钮的下拉按钮，在弹出的下拉列表中选择【飞入】下的【接第一级段落】选项。

7 设置2~3段文字的动画效果

单击【动画】选项卡【动画】选项组中的【自定义动画】按钮，弹出【自定义动画】窗格，设置2~3段文字的动画效果为"从上一项之后开始"。

8 设置图片的动画

选中图片，设置图片的动画为"百叶窗"，在【动画窗格】窗格中设置动画效果为"从上一项之后开始"，效果如图所示。

9 设置图片切换时间

选中图片，在【动画窗格】窗格中单击右边的下三角按钮 ✔，在弹出的下拉列表中选择【计时】选项，之后弹出【百叶窗】对话框，从中设置【期间】值为"慢速（3秒）"。

10 设置高级动画

单击【动画】选项卡【切换到此幻灯片】选项组中的【其他】按钮，在弹出的下拉列表中选择【向右揭开】选项，为本张幻灯片设置切换效果。

17.3.4 创建会议结束幻灯片页面

创建会议结束幻灯片页面的具体步骤如下。

1 新建幻灯片

单击【开始】选项卡【幻灯片】选项组中的【新建幻灯片】按钮，在弹出的下拉列表中选择【空白】幻灯片选项。

2 插入艺术字

单击【插入】选项卡【文本】选项组中的【艺术字】按钮，在弹出的下拉列表中选择"渐变填充－黑色，轮廓－白色，外部阴影"选项。

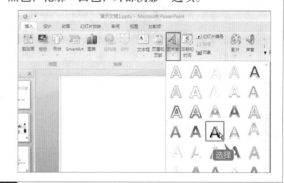

3 设置艺术字

在插入的艺术字文本框中输入"完"文本，并设置【字号】为"150"，设置【字体】为"华文行楷"。

4 为幻灯片添加切换效果

单击【动画】选项卡【切换到此幻灯片】选项组中的【其他】按钮，在弹出的下拉列表中选择【向左上揭开】选项，设置切换效果。

5 保存幻灯片

最后将制作好的幻灯片保存为"发展战略研讨会PPT.pptx"文件即可。

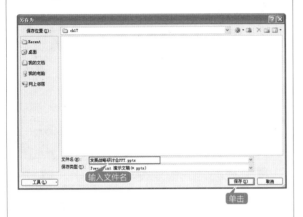

6 查看完成后的效果

幻灯片制作完成后的效果如图所示。

举一反三

在文秘办公中，除了制作公司简报、日程安排表、会议PPT演示文稿之外，与其类似的文档和表格还有月末总结报告、员工年度考核系统等。

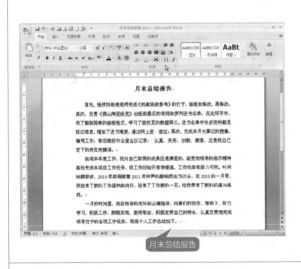

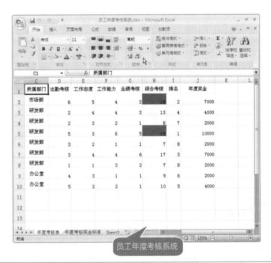

 # 高手私房菜

技巧：在文档的图片中键入文字

利用Word可以将图片插入文档中，但有时我们需要将文字插入图片中，以显示某些效果，具体的操作方法如下。

1 在文档中插入图片

首先将图片插入文档，如图所示。

2 插入文本框

单击【插入】选项卡下【文本】选项组中的【文本框】按钮，在弹出的下拉列表中单击【绘制文本框】选项。

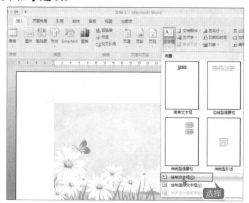

3 输入文本

在图片上绘制一个文本框，单并输入"美丽的春色"文本，如图所示。

4 设置【形状填充】

在【格式】选项卡下的【文本框样式】选项组中，单击【形状填充】按钮，在弹出的下拉列表中选择【无填充颜色】选项。

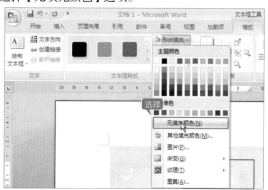

5 设置【形状轮廓】

在【形状样式】选项组中，单击【形状轮廓】按钮，在弹出的下拉列表中选择【无轮廓】选项。

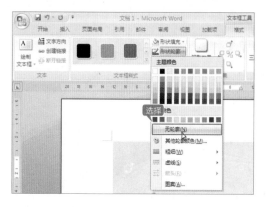

6 查看效果

单击【开始】选项卡，在【字体】选项组中设置字体颜色和大小，如图所示，文字非常自然的显示在图片上。

第18章

Office 2007 的行业应用
——人力资源管理

 本章视频教学时间：53 分钟

利用使用Office 2007系列应用软件可以帮助人力资源管理者轻松、快速完成各种文档、数据报表及会议幻灯片的制作。

【学习目标】

通过本章的学习，可以了解 Office 2007 在人力资源中的一些重要应用。

【本章涉及知识点】

了解制作求职信息登记表的方法

了解制作员工年度考核系统的方法

了解制作员工培训 PPT 的方法

18.1 制作求职信息登记表

　　人力资源的招聘工作者可以根据自己想要得到的个人信息，制作求职信息登记表并打印出来，要求求职者填写。

求职信息登记表							
姓名		性别		民族		出生年月	
身高		体重		政治面貌		籍贯	
学制		学历		毕业时间		培养方式	
专业			毕业学校			求职意向	
Email			通讯地址			联系电话	
技能特长或爱好							
外语等级		计算机等级			其他技能		
爱好特长							
其他证书							
奖励情况							
学习及实际经历							
时间		地区、学校或单位			经历		

18.1.1 页面设置

　　在制作"求职信息登记表"之前，需要先对页面的大小进行设置。

1 设置【页边距】

　　新建一个Word文档，命名为"求职信息登记表.docx"，并将其打开。之后单击【页边距】选项卡，在弹出下拉菜单中选择【自定义页边距】菜单选项，打开【页面设置】对话框，单击【页边距】选项卡，设置页边距的【上】的边距值为"2.54厘米"，【下】的边距值为"2.54厘米"，【左】的边距值为"1.5厘米"，【右】的边距值为"1.5厘米"。

2 设置【纸张大小】和【文档网格】

　　单击【纸张】选项卡，设置【纸张大小】为"A4"，【宽度】为"21厘米"，【高度】为"29.7厘米"，单击【文档网格】选项卡，设置【文字排列】的【方向】为"水平"，【栏数】为"1"，单击【确定】按钮，完成页面设置。

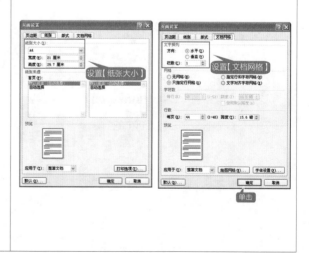

18.1.2 绘制整体框架

绘制表格框架一般是采取从整体到局部或从大到小的过程进行，这样在制作表格的时候就可以对其有一个整体的把握。

1 输入标题并设置字体格式

在绘制表格之前，需要先输入求职信息表的标题，这里输入"求职信息登记表"文本，然后在【开始】选项卡中设置【字体】为"仿宋_GB2312"，【字号】为"四号"，并进行加粗和居中显示，效果如图所示。

2 插入表格

按回车键两次，对其进行左对齐，然后单击【插入】选项卡【表格】选项组中的【表格】按钮，在弹出的下拉列表中选择【插入表格】选项。

3 为文本内容进行分栏

弹出【插入表格】对话框，在【表格尺寸】选项区域中设置【列数】为"1"，【行数】为"7"。

4 设置成功

单击【确定】按钮，即可插入一个7行1列的表格。

工作经验小贴士

填写表格尺寸时，用户可根据需要输入列数和行数。也可以单击选中【根据内容调整表格】单选项，这样就省去了调整表格列宽的麻烦。

18.1.3 细化表格

绘制完求职信息登记表的整体框架后，接下来可以对表格进行细化。

1 设置第1行单元格

将鼠标光标置于第1行单元格中，单击【布局】选项卡【合并】选项组中的【拆分单元格】按钮 拆分单元格，在弹出的【拆分单元格】对话框中，设置【列数】为"8"，【行数】为"5"。

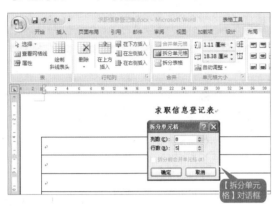

2 完成第1行单元格的拆分

单击【确定】按钮，完成第1行单元格的拆分。

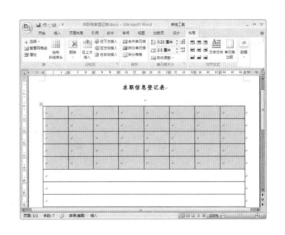

3 对第4行、第5行以及第7行进行设置

在【布局】选项卡中，合并第4行的第2列和第3列单元格，以及第5列和第6列。之后，对第5行单元格进行同样的合并，将第7行单元格拆分为"4"行"6"列。

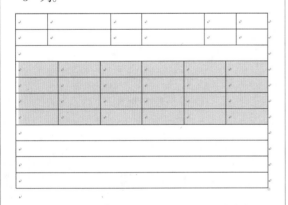

4 其他单元格的拆分

合并第8行单元格的第2列至第6列，之后对第9行、10行进行同样的操作，将第12行单元格拆分为"5"行"3"列，至此表格的整体框架设置完毕。

18.1.4 输入文本内容

对表格进行整体框架和单元格划分之后，根据需要向单元格中输入相关的文本内容，并适当调整列宽，效果如图所示。

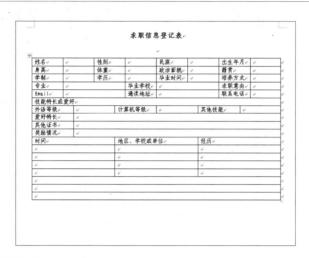

18.1.5 美化表格

通过前面的操作，表格的主体已经制作完成，接下来对其进行美化，以使其更加实用。

1 设置表格中的文字

根据需要对表格中的字体和段落标记进行设置。

2 设置边框

选中需要设置边框的表格，单击鼠标右键，在弹出的快捷菜单中选择【边框和底纹】菜单选项，弹出【边框和底纹】对话框，之后选择【边框】选项卡，对其进行设置即可。

3 调整行高和列宽

调整表格高度和宽度使其适应文本内容的大小，最终效果如下图所示。

4 选择【打印】选项

单击【Office】按钮，在弹出的下拉列表中选择【打印】▶【打印预览】选项，即可查看"求职信息登记表"的制作效果。

18.2 制作员工年度考核系统

 本节视频教学时间：23分钟

人事部门一般都会在年终或季度末对员工的表现做一次考核，这不但可以对员工的工作进行督促和检查，还可以根据考核情况发放年终和季度奖金。

18.2.1 设置数据有效性

设置数据有效性的具体步骤如下。

1 打开"员工年度考核"表

打开随书光盘中的"素材\ch18\员工年度考核.xlsx"工作簿，其中包含两个工作表，分别为"年度考核表"和"年度考核奖金标准"。

2 选择【数据有效性】选项

选中D、E、F、G列，在【数据】选项卡中，单击【数据工具】选项组中的【数据有效性】按钮，在弹出的下拉列表中选择【数据有效性】选项。

3 设置有效性条件

弹出【数据有效性】对话框，选择【设置】选项卡，在【允许】下拉列表中选择【序列】选项，在【来源】文本框中输入"6,5,4,3,2,1"。

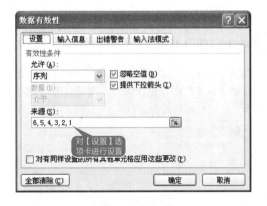

4 对【输入信息】选项卡进行设置

切换到【输入信息】选项卡，单击选中【选定单元格时显示输入信息】复选框，在【标题】文本框中输入"请输入考核成绩"，在【输入信息】文本框中输入"可以在下拉列表中选择"。

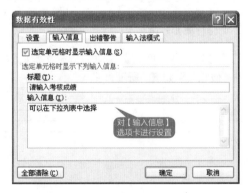

 工作经验小贴士

设置数据有效性的目的是为了保证某些单元格根据用户的需要输入，不会超出预定的范围。假设企业对员工的考核成绩分为6、5、4、3、2和1等6个等级，从6到1依次降低。另外，在输入"6,5,4,3,2,1"时，中间的逗号要在半角模式下输入。

5　对【出错警告】选项卡进行设置

切换到【出错警告】选项卡，单击选中【输入无效数据时显示出错警告】复选框，在【样式】下拉列表中选择【停止】选项，在【标题】文本框中输入"考核成绩错误"，在【错误信息】文本框中输入"请到下拉列表中选择"。

6　设置完成

切换到【输入法模式】选项卡，在【模式】下拉列表中选择【关闭（英文模式）】选项，以保证在该列输入内容时始终不是英文输入法，单击【确定】按钮，数据有效性设置完毕。

7　输入公式

依次输入员工的成绩，并在单元格H2中输入"=SUM(D2:G2)"，按【Enter】键确认。

8　将公式复制到其他单元格中

将鼠标指针放在单元格H2右下角的填充柄上，当指针变为➕形状时拖动，将公式复制到该列的其他单元格中，就可以看到这些单元格中自动显示的员工的"综合考核"成绩。

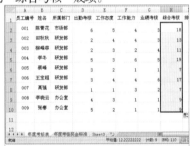

18.2.2　设置条件格式

设置条件格式的具体步骤如下。

1　选择【新建规则】菜单选项

选择单元格区域H2:H10，切换到【开始】选项卡，单击【样式】选项组中的【条件格式】按钮，在弹出的下拉菜单中选择【新建规则】菜单选项。

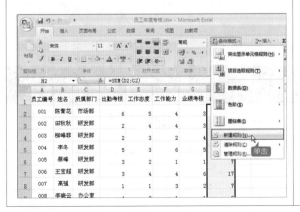

2　设置【新建格式规则】

弹出【新建格式规则】对话框，在【选择规则类型】列表框中选择【只为包含以下内容的单元格设置格式】选项，在【编辑规则说明】区域的第1个下拉列表中选择【单元格值】选项，在第2个下拉列表中选择【大于或等于】选项，在右侧的文本框中输入"18"。

3 设置填充色

单击【格式】按钮，打开【设置单元格格式】对话框，选择【填充】选项卡，在【背景色】列表框中选择【红色】选项，在【示例】区可以预览效果，单击【确定】按钮，返回【新建格式规则】对话框，然后单击【确定】按钮。

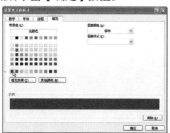

4 设置完成

可以看到18分及18分以上的员工的"综合考核"成绩呈红色背景色显示，非常醒目。

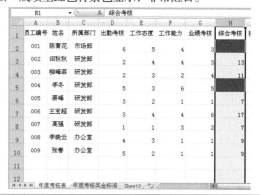

18.2.3 计算员工年终奖金

调校格式设置完成之后，最后来计算员工年终奖金。

1 给员工进行排名

对员工的"综合考核"成绩进行排序。在单元格I2中输入"=RANK (H2,$H$2:$H$10, 0)"，按【Enter】键确认，然后使用自动填充功能得到其他员工的排名顺序，可以看到在单元格中显示出排名顺序。

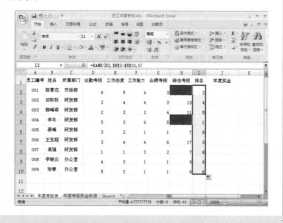

2 设置年终奖金

有了员工的排名顺序，就可以计算出他们的"年终奖金"。在单元格J2中输入"=LOOKUP(I2, 年度考核奖金标准!$A$2:$B$5)"，按【Enter】键确认，可以看到在单元格J2中显示出"年终奖金"，然后使用自动填充功能得到其他员工的"年终奖金"。

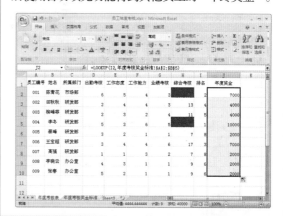

 工作经验小贴士

企业对年度考核排在前几名的员工给予奖金奖励，假定标准为：第1名奖金10 000元；第2、3名奖金7000元；第4、5名奖金4000元；第6～10名奖金2000元。

18.3 制作员工培训PPT

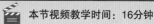 **本节视频教学时间：16分钟**

员工培训是组织或公司为了开展业务及培育人才的需要，采用各种方式对员工进行有目的、有计划的培养和训练的管理活动，以使员工不断地更新知识，开拓技能，更好地胜任现职工作或担负更高级别的职务，从而提高工作的效率。

1 创建员工培训首页幻灯片页面

启动PowerPoint 2007，根据需要，单击【设置】选项卡中的【主题】选项组，选择一种模版，并设置如图所示幻灯片。设置切换效果为【摩天轮】。

2 创建员工培训现况简介幻灯片页面

添加【标题和内容】幻灯片，选择【插入】选项卡中的【插图】选项组中，单击【SmartArt】选项卡，打开【选择SmartArt图形】对话框，选择【垂直块列表】图形，模块区域的颜色，可以根据需要自行调节，设置如图所示幻灯片。设置切换效果为【轨道】。

3 创建员工学习目标幻灯片页面

添加【标题和内容】幻灯片，插入文本及图片，图片效果为"紧密映像，接触"，设置如图所示幻灯片，设置切换效果为【缩放】。

4 创建员工曲线学习技术幻灯片页面

添加【标题和内容】幻灯片，插入【堆积折线图】，设置如图所示幻灯片，并设置切换效果为【旋转】。

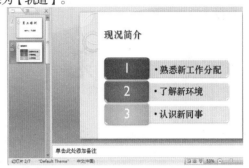

5 创建工作要求幻灯片页面

添加【标题和内容】幻灯片，插入文本及图片，设置如图所示幻灯片，切换效果为【翻转】。

6 创建问题与总结幻灯片页面

添加【标题和内容】幻灯片，插入艺术字，设置如图所示幻灯片，切换效果为【淡出】。

7	创建结束幻灯片页面

添加【空白】幻灯片，插入艺术字，设置如图所示幻灯片，设置效果为【擦除】。

8	员工培训PPT制作完成

最后将制作好的幻灯片保存为"员工培训 .pptx"文件即可，员工培训PPT的最终效果如图所示。

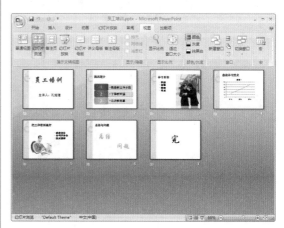

高手私房菜

技巧：放映幻灯片时常用的快捷方式

快捷键	使用说明
【N】键，左键单击，空格，右箭头或下箭头，【Enter】键，【Page Down】键	换到下一张幻灯片
【P】键，【Backspace】键，左箭头，上箭头，【Page Up】键	返回上一张幻灯片
单击鼠标右键	弹出式菜单 / 上一张幻灯片
键入编辑后按【Enter】键	直接切换到该幻灯片
【Esc】键，【Ctrl+Break】键，【-】键	结束幻灯片放映
【Ctrl+S】键	所有幻灯片对话框
按【B】键或【.】键	使屏幕变黑 / 还原
按【W】键或【,】键	使屏幕变白 / 还原
按【S】键或【+】键	停止 / 重新启动自动放映
【H】键	如果幻灯片是隐藏的，跳至下一张
同时按住鼠标左右键几秒钟	返回第一张幻灯片
【Ctrl+T】键	查看任务栏
【Ctrl+H/U】键	鼠标移动时隐藏 / 显示箭头

第19章

Office 2007 的行业应用

——行政办公

 本章视频教学时间：46 分钟

在行政办公应用中，使用Office 2007可以制作出一份份精美的文档、一张张华丽的数据报表，并能够帮助用户实现一场成功的演讲。

【学习目标】

通过本章的学习，了解 Office 2007 在行政办公中的应用，并制作相应的文档。

【本章涉及知识点】

- 了解制作公司考勤制度的方法
- 了解制作公司组织结构图的方法
- 了解制作会议记录表的方法
- 了解制作公司宣传方案的方法

19.1 制作考勤管理规定

本节视频教学时间：13分钟

公司考勤管理制度的作用通常是为了严格公司的劳动纪律，规范公司内部管理，保证公司经营工作的正常运作。基本上每一个公司都有自己的考勤管理制度，其内容因公司情况的不同而各不相同。

19.1.1 设置页面大小

在制作公司考勤管理制度之前，需要先对页面的大小进行设置。

1 建立新文档并命名

新建一个Word文档，命名为"考勤管理规定.docx"，并将其打开。

2 设置页边距

单击【页面布局】选项卡【页面设置】选项组中的 按钮，弹出【页面设置】对话框。单击【页边距】选项卡，设置页边距的【上】边距值为"2厘米"，【下】边距值为"2厘米"，【左】边距值为"3.17厘米"，【右】边距值为"3.17厘米"。

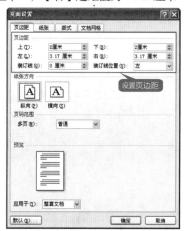

3 设置【纸张大小】

单击【纸张】选项卡，设置【纸张大小】为"A4"。

4 设置【文字排列】

单击【文档网格】选项卡，设置【文字排列】的【方向】为"水平"，【栏数】为"1"，单击【确定】按钮，完成页面设置。

19.1.2 撰写内容并设计版式

对页面设置完成，接下来可以撰写公司考勤管理制度的内容并进行版式设计。

1 打开素材

打开随书光盘中的"素材\ch19\考勤管理.docx"文档，复制其内容，然后将其粘贴到"考勤管理规定.docx"文档。

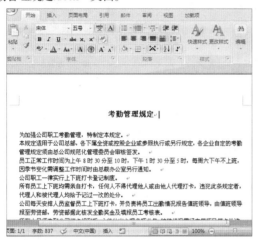

2 为文本添加编号

选择除文档标题外的其余内容，单击【开始】选项卡【段落】选项组中的【编号】按钮 ，为文本添加编号。

3 为文本内容进行分栏

保持文档主体内容处于选中状态，单击【页面布局】选项卡【页面设置】选项组中的【分栏】按钮 ，在弹出的下拉列表中选择【两栏】选项。

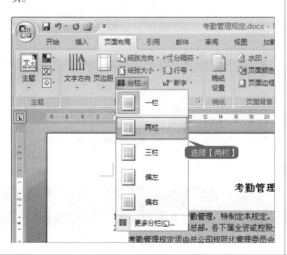

4 设置成功

此时文档主体内容就会以双栏显示。

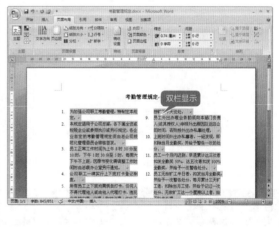

19.1.3 设计页眉页脚

公司考勤管理制度仅以单纯的文字显示，难免显得有些单调，为其进行页眉页脚的设置可以增加美感。

1 单击【页眉】按钮

单击【插入】选项卡【页眉和页脚】选项组中的【页眉】按钮，在弹出的下拉列表中选择【空白】选项。

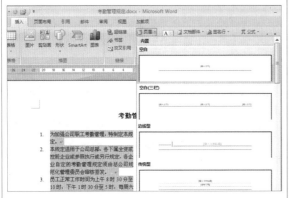

2 设置页眉

在页眉中输入文本内容，这里输入"公司考勤制度"。在【开始】选项卡的【字体】选项组中，设置【字体】为【隶书】，【字号】为【小三】。

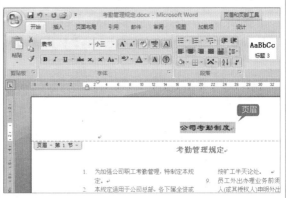

3 单击【页脚】按钮

在文档正文中的任意处双击，关闭页眉编辑状态。单击【插入】选项卡【页眉和页脚】选项组中的【页脚】按钮，在弹出的下拉列表中选择【空白】选项。

4 设置页脚

在页脚中输入文本内容，这里输入"龙马图书工作室印制"。在【开始】选项卡的【字体】选项组中，设置【字体】为【宋体】，【字号】为【小五】，然后在【开始】选项卡的【段落】选项组中单击【文本右对齐】按钮，设置的效果如图所示。在文档正文中的任意处双击，关闭页脚编辑状态。页眉页脚设置完成。

19.2 制作公司组织结构图

本节视频教学时间：8分钟

公司组织结构图是一种表现领导和部门关系的图表，它形象地反映了组织内各机构、岗位之间的关系。本节以实例的形式制作一个公司组织结构图。

1 单击【SmartArt】按钮

新建一个Word文档，单击【插入】选项卡【插图】选项组中的【SmartArt】按钮 。

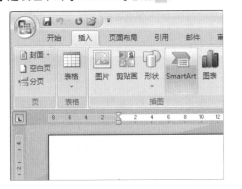

2 弹出【选择SmartArt图形】对话框

弹出【选择SmartArt图形】对话框，在左侧列表中选择【层次结构】选项，然后在右侧选择【组织结构图】。

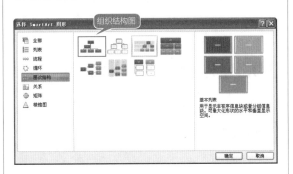

3 将图形插入文档

单击【确定】按钮，即可将图形插入文档中。

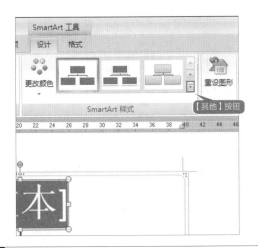

4 选择文档的最佳匹配对象

选择【设计】选项卡【SmartArt样式】选项组中的【其他】按钮 ，在弹出的下拉列表中选择【优雅】选项。

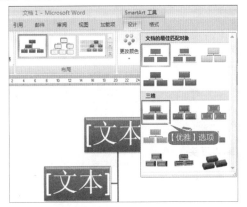

5 增添框架

单击图形中的某个框架模块，然后单击左上方【添加形状】按钮下方的 按钮，根据需要增添模块，如图，不含"文本"的即为新添的框架。

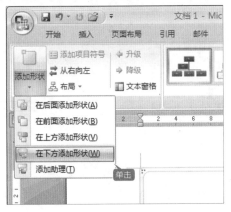

6 输入文本信息，保存结构图

在组织结构框架中输入相关的文本信息，并保存制作的组织结构图，命名为"公司组织结构图"。

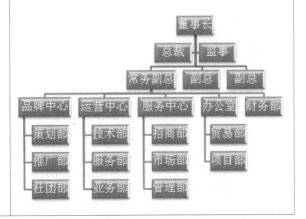

19.3 制作会议记录表

本节视频教学时间：7分钟

在行政管理工作中会经常举行一些会议，例如通过会议来进行某个工作的分配、某个文件精神的传达或某个议题的讨论等，此时就需要做会议记录，以记录会议的主要内容和通过的决议等。

19.3.1 新建会议记录表

记录这些内容之前，首先需要制作一份会议记录表。

1 新建空白工作簿

打开Excel 2007，新建一个空白工作簿。

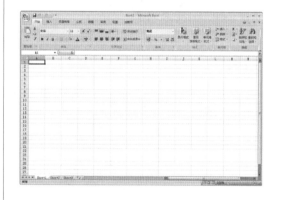

2 将"Sheet1"命名为"会议记录"

选择"Sheet1"工作表并单击鼠标右键，在弹出的快捷菜单中选择【重命名】菜单选项，将工作表重命名为"会议记录"。

3 输入表头

选择A1:A7单元格区域，分别输入表头"会议记录表"、"会议时间"、"记录人"、"会议主题"、"参加者"、"缺席者"及"发言人"。

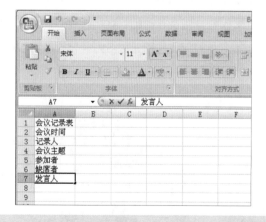

4 输入其他文字

分别选择E2、E3、B7和F7单元格，输入文字"会议地点"、"主持人"、"内容提要"、"备注"。

工作经验小贴士

当一个工作簿中包含多个工作表，且每个工作表都有数据时，一般要为每个工作表根据内容单独命名，以便根据工作表名称快速的区分各个工作表。

19.3.2 设置文字格式

会议记录表制作完成，让其更为美观，还要为这些表头设置文字格式。

1 选择单元格区域

选择A1:F1单元格区域。

2 合并并居中所选单元格区域

单击【开始】选项卡【对齐方式】选项组中的【合并后居中】按钮 。

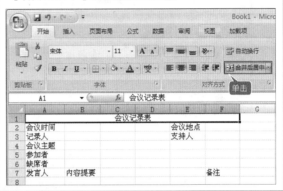

3 设置"会议记录表"的字体

接着在【字体】选项组中，在【字体】下拉列表中选择"华文新魏"，在【字号】下拉列表中选择"18"，并单击【加粗】按钮 B ，"会议记录表"的位置和字体就会发生改变。

4 为其他单元格区域设置字号

按照上面的方法，依次合并B2:D2、B3:D3、B4:F4、B5:F5和B6:F6单元格区域，并将其字号均设为"12"。

5 设置其他表头

选择A2:A6和E2:E3单元格区域，在【开始】选项卡中，在【字体】选项组中的【字体】下拉列表中选择"楷体_GB2312"，在【字号】文本框中输入"14"，并适当地调整列宽以适应文字。

6 合并B7:E7单元格区域

使用同样的方法，合并B7:E7单元格区域。

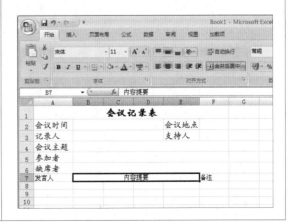

| 7 | 设置A7:E7单元格区域字体 |

选择A7:E7单元格区域，在【开始】选项卡中，在【字体】选项组中的【字体】下拉列表中选择"黑体"，在【字号】文本框中输入"14"。

| 8 | 设置A8单元格 |

选择A8单元格，在【开始】选项卡中，在【字体】选项组中的【字体】下拉列表中选择"新宋体"，在【字号】文本框中输入"12"。

| 9 | 使用格式刷 |

选择A8单元格，在【开始】选项卡中，单击【剪贴板】选项组中的【格式刷】按钮，被选中的区域呈虚线闪烁，鼠标光标变为带格式刷的形式。

| 10 | 刷格式 |

用带格式刷的鼠标光标选中A8:F12单元格区域，该区域的格式会变得和A8单元格一样。

19.3.3 添加表格边框

文字格式设置完成，为了使会议记录表看起来更直观，就需要添加表格边框。

| 1 | 添加边框线 |

选择A1:F12单元格区域，在【开始】选项卡中，单击【字体】选项组中的【边框】按钮 的下拉箭头，在弹出的下拉菜单中选择【所有框线】菜单选项。

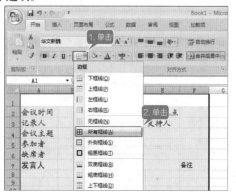

| 2 | 设置完成 |

设置框线后的"会议记录"如图所示。

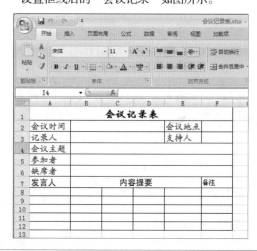

工作经验小贴士

至此，一份简单的"会议记录表"制作完毕，将其保存至指定文件夹，并命名为"会议记录表"。会议记录表制作完成，可以为记录会议内容、传达会议精神提供一个良好的平台。

19.4 制作公司宣传方案

本节视频教学时间：18分钟

外出进行产品宣传，只有口头描述很难让人信服，如果拿着产品进行宣传，太大的产品携带不便，太小的产品又难以让人看清，此时幻灯片能帮上大忙。

19.4.1 创建产品宣传首页幻灯片页面

创建产品宣传幻灯片应从片头开始，片头主要应列出宣传报告的主题和演讲人等信息。下面以制作龙马图书工作室产品宣传幻灯片为例。

1 启动PowerPoint 2007

启动PowerPoint 2007，进入PowerPoint工作界面。

2 选择主题

单击【设计】选项卡【主题】选项组中的【其他】按钮，在弹出的下拉列表中选择【内置】区域中的【龙腾四海】选项。

3 添加标题并设置

单击【单击此处添加标题】文本框，输入"龙马图书工作室产品宣传"文本，设置【字体】为"隶书（标题）"，【字号】为"72"，并拖曳文本框的宽度，使其适应字体的宽度。

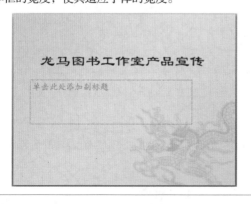

4 其他设置

单击【单击此处添加副标题】文本框，输入"主讲人：孔经理"文本，设置【字体】为"宋体（正文）"，【字号】为"30"，并拖曳文本框至合适的位置，最终效果如图所示。

19.4.2 创建公司概况幻灯片页面

制作好宣传首页幻灯片页面后，接下来需要对公司进行简单的概述，让客户在了解公司产品的同时也了解公司。

1 添加幻灯片

单击【开始】选项卡【幻灯片】选项组中的【新建幻灯片】按钮，在弹出的下拉列表中选择【标题和内容】选项。

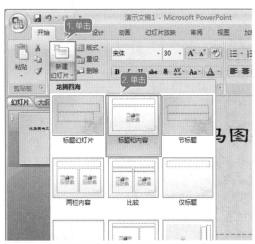

2 输入文本并设置

在新添加的幻灯片中单击【单击此处添加标题】文本框，输入"公司概况"文本，设置【字体】为"隶书（标题）"，【字号】为"66"。

3 删除文本框中的内容

单击【单击此处添加文本】文本框，将该文本框中的内容全部删除。

4 在文本框中输入公司概况内容并设置字体

在文本框中输入公司概括内容，并设置【字体】为"宋体（正文）"，【字号】为"26"，之后将文本内容首行缩进两字符，并拖曳文本框至合适的位置，最终效果如图所示。

19.4.3 创建公司组织结构幻灯片页面

对公司的状况有了大致的了解后，可以继续对公司进行进一步的说明，例如介绍公司的内部组织结构等。

1 添加幻灯片

单击【开始】选项卡【幻灯片】选项组中的【新建幻灯片】按钮，在弹出的下拉列表中选择【标题和内容】选项。

2 隐藏背景图形

将新添加的幻灯片页面中的文本框全部删除，单击选中【设计】选项卡【背景】选项组中的【隐藏背景图形】复选框，将背景图形隐藏起来。

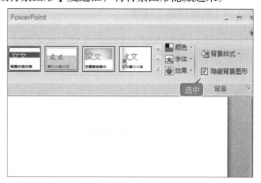

3 单击【SmartArt】按钮

单击【插入】选项卡【插图】选项组中的【SmartArt】按钮。

4 选择【层次结构】选项

弹出【选择 SmartArt图形】对话框，选择【层次结构】区域中的【层次结构】选项。

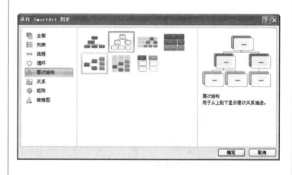

5 将层次结构图插入幻灯片中

单击【确定】按钮，在幻灯片中插入层次结构图。

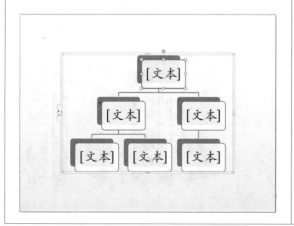

6 设置层次结构图

按照19.2的方法将所添加的层次结构图设置为如图所示。

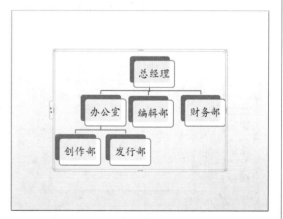

19.4.4 创建公司产品宣传展示幻灯片页面

对公司有了一定的了解后，接下来就要看公司的产品了。通过制作产品像册来展示公司的产品，不仅清晰，而且美观。

1 选择【新建相册】选项

单击【插入】选项卡【图像】选项组中的【相册】按钮，在弹出的下拉列表中选择【新建相册】选项。

2 弹出【相册】对话框

弹出【相册】对话框。

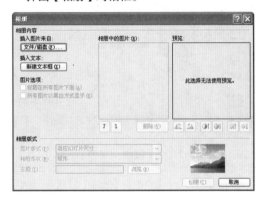

3 选择需要插入的图片

单击【相册】对话框中的【文件/磁盘】按钮，弹出【插入新图片】对话框，并选择创建相册所需要的图片文件。

4 插入图片并设置【图片版式】

单击【插入】按钮，返回【相册】对话框，在【相册版式】区域下选择【图片版式】为"2张图片"，之后单击选中【标题在所有图片下面】复选框。

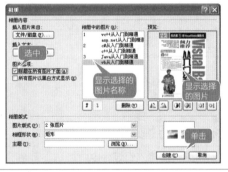

5 删除文本框中的内容

在【相册】对话框中单击【创建】按钮，打开一个新的PowerPoint演示文稿，并且创建所需的相册。

6 隐藏背景图形

将新创建相册演示文稿中的第2～4张幻灯片复制至"龙马图书工作室产品宣传"展示幻灯片页面中，选中复制后的第4～6张幻灯片，按照19.4.3方法隐藏背景图形。

19.4.5 设计产品宣传结束幻灯片

最后来进行结束幻灯片页面的制作。

1 添加空白幻灯片

选中第6张幻灯片，单击【开始】选项卡【幻灯片】选项组中的【新建幻灯片】按钮，在弹出的下拉列表中选择【空白】选项。

2 添加文本框

隐藏背景图形，然后单击【插入】选项卡【文本】选项组中的【文本框】按钮，在弹出的下拉列表中选择【横排文本框】选项。

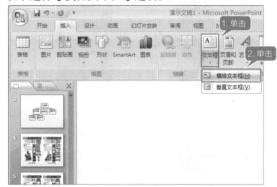

3 绘制文本框区域

在幻灯片编辑窗口中绘制文本框区域，并输入"2012年8月30日"，然后设置其【字体】为"华文行楷"，【字号】为"20"，【字体颜色】为"白色"，并将其拖曳至右下角的合适位置。

4 插入艺术字

单击【插入】选项卡【文本】选项组中的【艺术字】按钮，在弹出的下拉列表中选择"渐变填充 – 强调文字颜色1，外部阴影"选项。

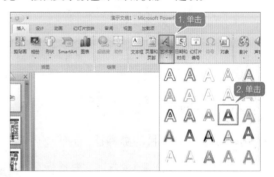

5 设置艺术字

在插入的艺术字文本框中输入"谢谢观赏"文本，并设置其【字号】为"100"，【字体】为"华文行楷"，最终效果如图所示。

6 插入图片

单击【插入】选项卡【图像】选项组中的【图片】按钮，在弹出的【插入图片】对话框中选择一幅图片作为背景。

7 调整图片

单击【插入】按钮，将图片插入幻灯片中，调整图片的大小至整个幻灯片屏幕，然后在图片中单击鼠标右键，在弹出的快捷菜单中选择【置于底层】下的【置于底层】菜单选项。

8 设置完成

最终效果如图所示。

举一反三

在行政办公应用中，除了可以制作公司考勤制度、公司组织结构图、会议记录表之外，与其类似的文档还有岗位职责书、办公室来电记录等。

考勤管理制度

办公来电记录

 高手私房菜

技巧：锁定插入图片的纵横比

用户在幻灯片中插入图片时，若不锁定图片的纵横比，图片就有可能失真。通过以下方法可以锁定插入图片的纵横比。

1 选择【大小和位置】选项

在图片上单击鼠标右键，在弹出的快捷菜单中选择【大小和位置】选项，弹出【大小和位置】对话框。

2 锁定图片的纵横比

在【缩放比例】选项区中，单击选中【锁定纵横比】复选框，即可锁定图片的纵横比。

第 20 章

Office 2007 的协同应用
——办公组件间的协作

 本章视频教学时间：25 分钟

Office 2007中各个组件之间不仅可以实现资源共享，还可以相互调用，大大提高工作的效率。

【学习目标】

通过本章的学习，可以了解 Office 系列办公软件的相互协作应用，使工作更加高效率。

【本章涉及知识点】

掌握 Word 与 Excel 之间协作的方法

掌握 Word 与 PowerPoint 之间协作的方法

掌握 Excel 与 PowerPoint 之间协作的方法

20.1 Word与Excel之间的协作

本节视频教学时间：8分钟

在Office系列软件中，Word与Excel之间相互共享及调用信息是比较常用的。

20.1.1 在Word中创建Excel工作表

在Word中可以直接创建Excel工作表，这样就可以省去在两个软件间来回切换的麻烦。

1 弹出【对象】对话框

单击【插入】选项卡【文本】选项组中的【对象】按钮，弹出【对象】对话框，在【对象类型】列表框中选择【Microsoft Excel工作表】选项，然后单击【确定】按钮。

2 文档中出现Excel工作表

文档中就会出现Excel工作表的状态，同时当前窗口最上方的功能区显示的是Excel软件的功能区，然后直接在工作表中输入需要的数据即可。

20.1.2 在Word中调用Excel图表

在Word中也可以调用Excel工作表或图表编辑数据，调用Excel图表的具体操作步骤如下。

1 弹出【对象】对话框

打开Word软件，单击【插入】选项卡【文本】选项组中的【对象】按钮，在弹出的【对象】对话框中选择【由文件创建】选项卡，单击【浏览】按钮。

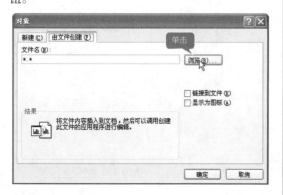

2 弹出【浏览】对话框

在弹出的【浏览】对话框中选择需要插入的Excel文件，这里选择随书光盘中的"素材\ch20\图表.xlsx"文件，然后单击【插入】按钮。

3 返回【对象】对话框

单击【对象】对话框中的【确定】按钮，即可将Excel图表插入Word文档中。

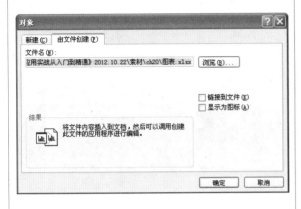

4 调用图表效果

插入Excel图表以后，可以通过工作表四周的控制点调整图表的位置及大小。

20.2 Word与PowerPoint之间的协作

本节视频教学时间：9分钟

Word与PowerPoint之间的信息共享不是很常用，但偶尔也会需要在Word中调用PowerPoint演示文稿。

20.2.1 在Word中调用PowerPoint演示文稿

用户可以将PowerPoint演示文稿插入Word中编辑和放映，具体的操作步骤如下。

1 弹出【对象】对话框

打开Word软件，单击【插入】选项卡【文本】选项组中的【对象】按钮，在弹出的【对象】对话框中选择【由文件创建】选项卡，单击【浏览】按钮。

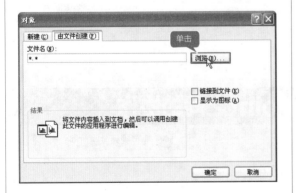

2 打开【浏览】对话框

在打开的【浏览】对话框中选择需要插入的PowerPoint文件，这里选择随书光盘中的"素材\ch20\产品宣传.pptx"文件，然后单击【插入】按钮。

3 返回【对象】对话框

返回【对象】对话框，单击【确定】按钮，即可在文档中插入所选的演示文稿。

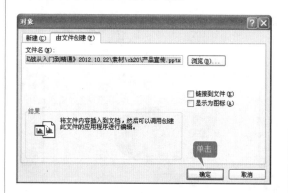

4 调用演示文稿

插入PowerPoint演示文稿以后，可以通过演示文稿四周的控制点来调整演示文稿的位置及大小。

20.2.2 在Word中调用单张幻灯片

根据不同的需要，用户可以在Word中调用单张幻灯片。具体的操作步骤如下。

1 选择【复制】菜单项

打开随书光盘中的"素材\ch20\产品宣传.pptx"文件，在演示文稿中选择需要插入Word中的单张幻灯片，然后单击鼠标右键，在弹出的快捷菜单中选择【复制】菜单选项。

2 调用单张幻灯片

切换到Word软件中，单击【开始】选项卡【剪贴板】选项组中的【粘贴】按钮下方的倒三角按钮，在下拉菜单中选择【选择性粘贴】菜单选项，弹出【选择性粘贴】对话框，选中【粘贴】单选按钮，在【形式】列表框中选择【Microsoft PowerPoint幻灯片 对象】选项，然后单击【确定】按钮即可。最终效果如下图所示。

20.3 Excel与PowerPoint之间的协作

📽 本节视频教学时间：8分钟

Excel与PowerPoint之间也存在着信息的共享与调用关系。

20.3.1 在PowerPoint中调用Excel工作表

用户可以将在Excel中制作的工作表调到PowerPoint中放映，这样可以为讲解省去很多麻烦。

1 复制数据区域

打开随书光盘中的"素材\ch20\学生信息表.xlsx"文件,将需要复制的数据区域选中,然后单击鼠标右键,在弹出的快捷菜单中选择【复制】菜单选项。

2 调用Excel工作表效果

切换到PowerPoint软件中,单击【开始】选项卡【剪贴板】选项组中的【粘贴】按钮,最终效果如图所示。

20.3.2 在PowerPoint中调用Excel图表

用户也可以在PowerPoint中播放Excel图表,具体的操作步骤如下。

1 选择【复制】菜单项

打开随书光盘中的"素材\ch20\图表.xls"文件,选中需要复制的图表,然后单击鼠标右键,在弹出的快捷菜单中选择【复制】菜单选项。

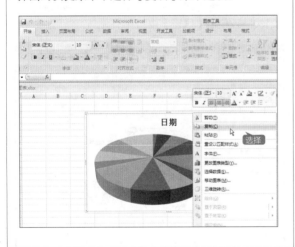

2 调用Excel图表效果

切换到PowerPoint软件中,单击【开始】选项卡【剪贴板】选项组中的【粘贴】按钮,最终效果如图所示。

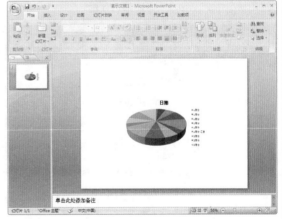

高手私房菜

技巧1:修复损坏的Office文档

这里以修复损坏的Excel 2007工作簿为例,具体的操作步骤如下。

1 选择【打开并修复】菜单项

　　启动Excel 2007，单击【Office】按钮，在列表中选择【打开】选项，弹出【打开】文本框，从中选择要打开的工作簿文件。单击【打开】按钮右侧的下拉箭头，在弹出的下拉菜单中选择【打开并修复】菜单选项。

2 弹出【Microsoft Excel】对话框

　　弹出【Microsoft Excel】对话框，单击【修复】按钮，Excel将修复工作簿并打开。如果修复不能完成，则可单击【提取数据】按钮，只将工作簿中的数据提取出来。

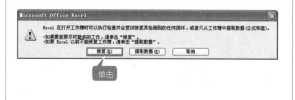

技巧2：增加PowerPoint 2007可取消操作数

　　在PowerPoint 2007中可以通过使用【Ctrl+Z】快捷键，撤消最后一步操作。当单击【撤消】按钮右侧的下拉列表按钮时，可以选择需要撤消的若干步骤，在默认情况下，最多允许撤消20次操作，可以将撤消的上限提高到150次。

1 打开【PowerPoint 选项】对话框

　　启动PowerPoint 2007，单击【Office】按钮，在弹出的快捷菜单中单击【PowerPoint 选项】按钮，弹出【PowerPoint 选项】对话框。

2 更改【最多可取消操作数】

　　单击左侧的【高级】选项，在右侧的【编辑选项】组中将【最多可取消操作数】的数值改为"150"，单击【确定】按钮。

工作经验小贴士

　　在增加PowerPoint的最多可取消操作数时，它所占用的计算机内存也会随之增加。

第 21 章

不只是 Office 2007 在战斗
——辅助工具

 本章视频教学时间：36 分钟

除了Office自身的强大功能外，它还有众多的辅助工具，让你对于Office的使用更加顺手、便捷。

【学习目标】

通过本章的学习，可以了解 Office 系列办公软件的相互协作应用，使工作更加高效。

【本章涉及知识点】

绘制斜线表头

在 Word 与 Excel 中加入标签

转换 PPT 为 Flash 动画

为 PPT 瘦身

21.1 使用Excel增强盒子绘制斜线表头

本节视频教学时间：7分钟

官方网站中公布的Excel增强盒子，是一个集合Excel常用功能的免费插件，这为用户提供了极大的方便。在Excel中使用增强盒子的具体步骤如下。

1 安装【增强盒子】插件

从官方网站上下载"Excel增强插件ExcelBox 1.03"文件，并安装至本地计算机中，之后打开Excel 2007应用软件，可以看到Excel 2007的工作界面中增加了一个【增强盒子】选项卡，其中包含了许多Excel增强功能。

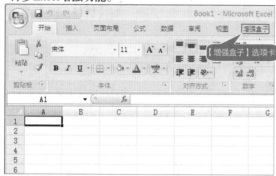

2 选择【插入斜线表头】选项

单击【增强盒子】选项卡【开始】选项组中的【控制插入】按钮，在弹出的下拉列表中选择【插入斜线表头】选项。

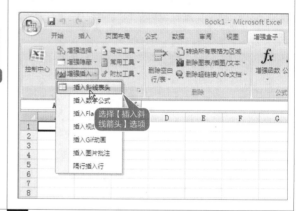

3 选择等分样式

弹出【斜线表头】对话框，选择【表头样式】为【三分样式】。

4 完成三分表头

单击【确定】按钮，即可在单元格中插入一个三分表头。

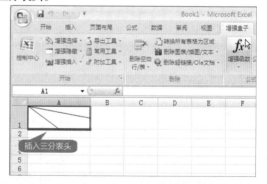

工作经验小贴士

单击【增强盒子】选项卡【开始】选项组中的【控制中心】按钮，在Windows桌面的右上角会出现一个控件中心图标。双击该图标，可以隐藏Excel；右击该图标，在弹出的快捷菜单中，可以执行返回Excel、关闭Excel和显/隐功能区命令。

21.2 使用Excel增强盒子轻松为考场随机排座

本节视频教学时间：5分钟

在使用Excel的时候，可以通过编写函数的方法来生成随机数，为考生随机安排考试座位。在安装Excel的增强盒子后，可以很轻松地生成任意数值范围内的随机数。

1 选择【随机数】按钮

单击【增强盒子】选项卡【数据】选项组中的【随机数】按钮 随机数 。

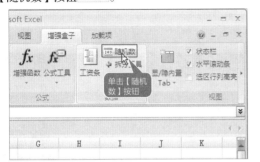

2 弹出【随机数生成】对话框

弹出【随机数生成】对话框。

3 单击选择按钮

单击【请选择需要随机数的区】文本框后面的【折叠】按钮 。

4 选择单元格区域

在工作表中选择随机数生成的区域，这里选择单元格区域。

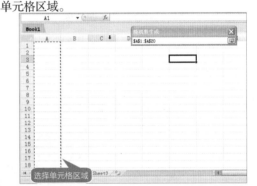

5 设置数值

按【Enter】键，返回【随机数生成】对话框，然后根据需要设置【随机数范围】中的数值，这里设置【最小】值为"1"，【最大】值为"20"，【小数位数】值为"0"。

6 完成设置

单击【确定】按钮，即可生成机数。

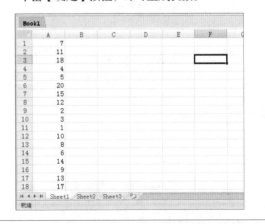

21.3 使用Excel百宝箱修改文件创　时间

本节视频教学时间：4分钟

百宝箱是Excel的一个增强型插件，功能强大，体积却很小。在【百宝箱】选项卡中根据有功能特点对子菜单做出了分类，并且在函数向导对话框中生成新的函数，扩展了Excel的计算功能。

1 选择【百宝箱】选项卡

从官方网站上下载"Excel百宝箱9.0"文件，并安装至本地计算机中，之后打开Excel 2007应用软件，可以看到Excel的工作界面中增加了一个【百宝箱】选项卡，其中包含了许多Excel的增强功能。

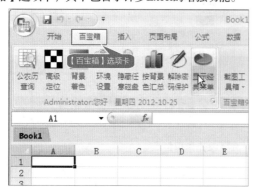

2 选择【修改文件创建时间】菜单项

单击【百宝箱】选项卡中的【文件工具箱】按钮，在弹出的下拉菜单中选择【修改文件创建时间】菜单选项。

3 弹出【文件创建时间修改器】对话框

弹出【文件创建时间修改器】对话框。

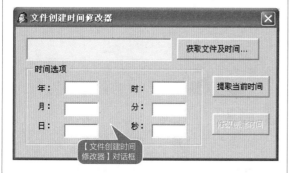

4 获取文件原始创建时间

单击【获取文件及时间】按钮，选择目标文件，此时【时间选项】将变为【文件原始创建时间】，显示文件原始创建的具体时间。

工作经验小贴士

在【文件原始创建时间（请指定新的时间）】下的的白色文本框中进行输入修改时间，可以将文件创建时间提前或推后。

5 设置新的时间

单击【提取当前时间】按钮获取当前的时间。

6 修改创建时间

单击【修改创建时间】按钮，弹出提示对话框，显示了修改后的文件创建时间。

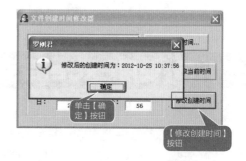

21.4 使用OfficeTab在Word中加入标签

📽 本节视频教学时间：8分钟

在Word和Excel应用软件中加入标签，可以使多个文档存在于同一个窗口中。用户在使用的时候，只需要单击标签，便可以在多个文档中切换不同的文档或工作表窗口。

1. 在Word中新建与隐藏标签

在安装Office Tab插件之后就可以新建与隐藏标签。

---

1 打开文档Word文档

从官方网站中下载Office Tab插件，并安装至本地计算机中。之后打开一个Word文档，可以发现标签已经存在于Word文档工作区的上方。

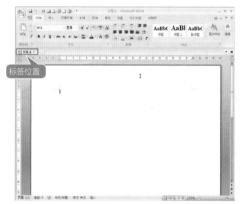

2 新建标签

单击"文档1"标签后的【新建】按钮，或者按【Ctrl+N】组合键，即可新建一个"文档2"标签。

---

3 隐藏标签

撤消选中【办公标签】选项卡下【选项】选项组中的【显示标签栏】复选框，即可隐藏标签。

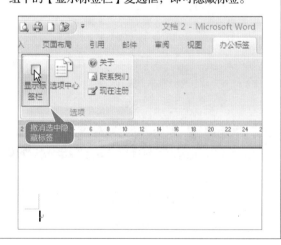

4 显示标签

单击选中【办公标签】选项卡下【选项】选项组中的【显示标签栏】复选框，即可再次显示标签。

---

2. 设置显示效果

通过设置还能改变标签的显示位置和效果。

1 打开【Tabs for Word选项】对话框

单击【办公标签】选项卡下【选项】选项组中的【选项中心】按钮，打开【Tabs for Word选项】对话框。

2 设置标签位置

选择【常规与位置】选项卡，在【位置】区域内设置【选择标签位置】为"2-工作区下方"。

选择"2-工作区下方"选项

3 设置标签样式

选择【标签外观】选项卡，在【标签样式】选择组下的【选择标签样式】下拉列表中选择"标签样式-5"选项。

选择标签样式

4 显示最终效果

单击【确定】按钮，返回至Word窗口，即可查看最终的设置效果。

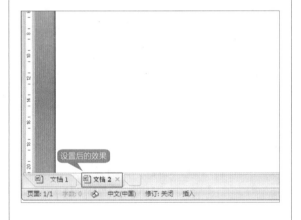

设置后的效果

工作经验小贴士

Excel中标签的使用方法和标签在Word中的使用方法相同，这里不再赘述。

21.5 转换PPT为Flash动画

本节视频教学时间：5分钟

如果需要在其他没有安装PowerPoint的电脑中播放PPT文件，就需要先安装PowerPoint或将PPT进行打包，可以通过【PowerPoint 转 Flash】软件将PPT转换为Flash格式的视频文件。这样不仅可以使用播放器进行播放，还可以将其添加到网页中。

1 启动软件	2 添加文件
安装并启动【PowerPoint 转 Flash】软件。 	单击【增加】按钮，添加"素材\ch16\书法文化.ppt"文件。 
3 选择输出路径	4 设置生成文件的大小和背景
选择【输出】选项卡，设置文件的输出路径。 	选择【选项】选项卡，设置生成Flash文件的大小和背景颜色。 
5 开始转换	6 完成文件转换
单击【转换】按钮，软件开始转换。 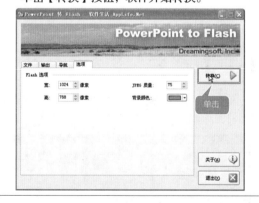	转换完成后，自动打开输入目录，输出了1个Flash文件，双击文件即可进行播放。 

21.6 为PPT瘦身

本节视频教学时间：7分钟

由于PPT中使用了大量的图片，导致PPT文件比较大，占用的磁盘空间比较多，可以通过PPTminimizer程序来为PPT优化瘦身。

1 启动程序

安装并启动PPTminimizer 4.0程序，单击【打开文件】按钮，选择"素材\ch16\书法文化.pptx"文件。

2 添加文件

单击【优化后文件】后面的 ... 按钮，设置优化后文件的保存路径。

3 优化文件

单击【优化文件】按钮，则出现优化进度。

4 优化结果

优化完成后，会显示原始文件的大小、压缩后文件的大小和压缩的比例。

高手私房菜

技巧：将选区导出为图片

使用增强盒子可以将选区导出为BMP格式的图片。

1 选择数据区域

打开随书光盘中的"素材\ch21\技巧.xlsx"文件，单击【增强盒子】选项卡下【开始】选项组中的【导出工具】按钮，在打开的下拉列表中选择【选区导出为图片】选项，设置选区为A1:E7单元格区域，并设置图片保存的位置。

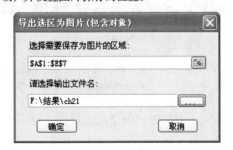

2 查看效果

单击【确定】按钮完成图片的导出，并且查看导出的图片。

第 22 章

Office 跨平台应用
——使用手机移动办公

 本章视频教学时间：21 分钟

N年前，拿着纸和笔办公；
N年后，拿着笔记本电脑办公；
现在，使用手机移动办公已成为一种潮流。

【学习目标】

通过本章的学习，可以了解使用手机移动办公的方法和技巧。

【本章涉及知识点】

使用 iPhone 查看办公文档

使用手机协助办公

使用手机制作报表

使用手机定位幻灯片

使用平板电脑（iPad）编辑 Word 文档

22.1 使用iPhone查看办公文档

 本节视频教学时间：5分钟

使用iPhone可以轻松查看办公文档。

22.1.1 查看iPhone上的办公文档

在iPhone上安装Office^2 Plus，可以让你在iPhone中轻松查看Word和Excel文档。

1 将文档放进iPhone中

使用数据线将iPhone与电脑连接，在电脑中启动iTunes。在iTunes中单击识别的iPhone名（酷机）。单击【应用程序】按钮，并向下滚动到"文件共享"选项处。在应用程序下选择"Office^2 Plus"选项，右侧窗格中会显示该软件中的文档。直接拖曳电脑中的文档到右侧的"'Office^2 Plus'的文档"窗格中。

2 选择【本地文件】选项

在iPhone中单击【Office^2 Plus】图标，在【Office^2 Plus】界面单击【本地文件】选项。

3 单击【目录要求】文档

在打开的【本地文件】界面中看到拖曳进去的文档，然后单击【目录要求】文档。

4 查看Word文档

在iPhone中查看Word文档，单击【关闭】按钮，即可返回【本地文件】界面。

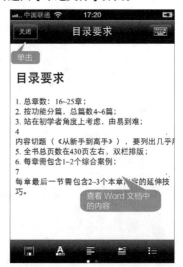

5 选择【录像清单】文档	6 查看【录像清单】文档
在【本地文件】页面中单击【录像清单】文档。 	查看打开的Excel文档，拖动即可查看其他列或行的内容。 

22.1.2 远程查看电脑上的办公文档

文档在办公室或家里的电脑上，无论你在何处，都能轻松使用iPhone连接电脑办公。

1. 在电脑中设置PocketCloud

1 下载安装PocketCloud并输入账户信息	2 选择【本地文件】选项
在电脑中下载并安装PocketCloud，安装完成后，在弹出的界面中输入Gmail账号和密码，单击【Next】按钮。 	单击【Finish】按钮，即可完成PocketCloud的安装及邮箱的登录。 
3 打开【属性】对话框	4 电脑远程设置
在【我的电脑】图标上单击鼠标右键，在弹出的【属性】对话框中选择【远程】选项卡。 	单击选中【允许用户远程连接到此计算机】复选框，单击【确定】按钮。 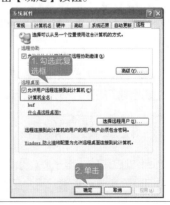

工作经验小贴士

电脑当前的账户需要有密码，否则无法进行远程连接。

2. 在iPhone中设置PocketCloud

1 下载安装PocketCloud并输入账户信息

在iPhone中下载并安装"PocketCloud"，安装后单击图标，在打开的界面中单击【从这开始】链接文字。输入Gmail邮箱的账户和密码（输入的邮箱账户要和在电脑中的一致），单击【下…】按钮。

2 完成登录

即可开始远程登录，远程登录完成后，单击【完成】按钮，在iPhone中单击检测到的电脑名称。

3 输入电脑的用户名和密码

弹出【登录到 Windows】界面，输入电脑的用户名和密码，单击【确定】按钮。

4 打开办公文档

连接到电脑之后，即可在iPhone中操作此电脑，查看办公文档了。

22.2 使用手机协助办公

本节视频教学时间：8分钟

现在，越来越多的上班族每天都需要在公交或者地铁上花费很多的时间。如果将这段时间加以利用，来修改最近制定的计划书，不仅可以加快工作的进度，还能够获得上司的赏识，何乐而不为呢？

22.2.1 收发电子邮件

iPhone手机自带的【电子邮件】以及【GMail】等功能非常强大，使用软件发送邮件只需要在初次使用时进行设置，节省了输入用户名和密码的时间。

1 配置账号

单击应用程序界面的【电子邮件】图标，在"账户设定"页面，选择邮箱服务商（这里选择"126"），输入邮箱地址和密码，然后单击【下一步】按钮。

2 登录邮箱

系统开始连接服务器，连接成功后，即可登录邮箱。

3 发送电子邮件

在手机上单击【选项】（菜单）键，在弹出的底部菜单中单击【编写】按钮，输入收件人地址和主题以及邮件的内容，单击【发送】按钮。

4 查收电子邮件

在【收信箱】页面中，单击要查看的邮件，即可查看该邮件。

5 查看附件

在邮件中，单击 ∨ 按钮，展开并查看附件。

6 保存附件

单击【全部保存】按钮，可将附件全部保存至手机中，也可单击 🔲 逐个保存附件。

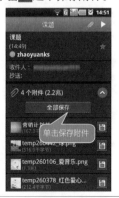

22.2.2 编辑和发送文档

利用"Office办公套件"应用程序可以对文档进行编辑，并发送。

1 新建Word文档

下载并安装"Office办公套件"应用程序，进入【Office办公套件】页面，单击页面底部的【新建】按钮，在弹出的选择列表中单击【Word文档】选项。

2 打开本地文档

除了创建Word文档外，也可以直接打开本地文件，单击【本地文件】按钮，在【本地文件】页面中单击【营销计划书.docx】文档，即可打开该文档。

3 编辑文档

打开文档后，在屏幕上点击并拖曳，可以选中一段文字，文字底部变为淡蓝色，在选取的两端会出现两个淡黄色的标志，拖曳标志可精确扩大或缩小选取，单击页面底部的按钮即可对文字进行编辑。

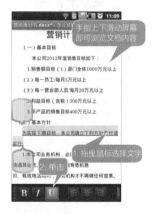

4 插入图片

将光标定位至要插入图片的位置，单击手机上的【选项】键，在弹出的底部菜单中单击【插入】按钮，在【插入】对话框中单击【图片】按钮，然后在弹出的【插入】对话框中单击【图片】按钮。

5 浏览插入图片后的效果

在手机中选择图片并单击，即可将图片插入到文档中。

6 保存文档

单击手机上的【选项】键，在弹出的底部菜单中单击【文件】按钮，然后在弹出的列表中单击【保存】按钮即可完成文件的保存。

7 【发送文档】选项	8 选择发送方式
长按【营销计划书.docx】文档，在弹出的【文件选项】对话框中单击【发送文件】按钮。	弹出【发送文件】对话框，在该页面中可以单击【电子邮件】或【蓝牙】选项，选择发送方式。

22.2.3 在线交流工作问题

在 Android系统中使用MSN，让你随时交流工作。

下载MSN	2 登录MSN
下载并安装"手机MSN"，进入MSN登录界面。	输入账号和密码后单击【登录】按钮登录 MSN。

3 选择联系人	4 在线交流
在进入的好友界面中单击【常用联系人】链接文字，然后单击人名。	在空白框中输入信息，然后单击【发送】按钮，即可发送消息。

22.3 使用手机制作报表

📽 本节视频教学时间：4分钟

使用智能手机办公，随时随地制作报表。

22.3.1 表与表之间的转换

了解Excel的朋友都知道，一张工作簿中可以包含好几张工作表。那么，在手机中如何进行工作表间的切换呢？

1 打开Excel Mobile文档管理界面

打开手机主菜单，单击【Office Mobile】图标，进入Office Mobile主界面，单击【Excel Mobile】图标，进入Excel Mobile文档管理。

2 查看Excel文档

在【Excel Mobile】页面【所有文件夹】列表中单击【员工工作日志】文档，打开此文件，单击【查看】显示快捷菜单。

3 选择工作表

单击【工作表】选项，在弹出的工作表菜单中选择的工作表即可打开该表。

4 使用其他方法选择工作表

在打开的工作表界面中，可直接单击 本月第三▼ 方框，也可弹出工作表菜单。

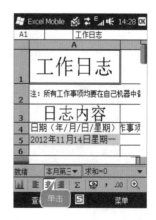

22.3.2 使用函数求和

处理数据要充分利用函数功能，轻松自在我手中。

1 【菜单】按钮

打开"销售电器表.xlsx"，选中B8单元格，并单击【菜单】按钮。

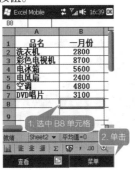

2 【插入】选项

弹出快捷菜单界面，单击【插入】选项。

3 调用【函数】选项

弹出插入快捷菜单，单击【函数】选项。

4 选择函数

打开【插入函数】界面，选择SUM（number1，number2...），单击【确定】按钮。

5 编辑公式

编辑函数公式为SUM(B2，B7)。

6 使用函数求和

单击 Σ 图标即可得出求和。

22.4 使用手机定位幻灯片

📽 本节视频教学时间：2分钟

使用智能手机不但可以制作幻灯片，而且想看哪一张，就可以指定到哪一张。

1 单击【本地文件】选项

打开安装的Office办公套件，进入软件界面，单击【本地文件】选项。

2 选择文件

打开文件列表，单击【食品营养报告.pptx】文件。

3 单击【Menu】菜单键

单击【Menu】菜单键，在弹出的快捷菜单中，单击【查看】菜单命令。

4 单击【转到幻灯片...】选项

在弹出的【查看】对话框中，单击选择【转到幻灯片...】选项。

5 选择要查看的幻灯片

打开预览窗口，选择要查看的幻灯片。如下图所示，单击【幻灯片5】。

6 查看幻灯片

此时，即可快速转至选择的幻灯片进行查看。

22.5 使用平板电脑（iPad）编辑Word文档

本节视频教学时间：2分钟

使用平板电脑编辑文档越来越被众人接受，它的实用性要远远大于智能手机。平板电脑在办公应用中范围越来越广，给人们带来了很大的便利。

1 打开应用程序

单击iPad桌面上的【Pages】程序图标。

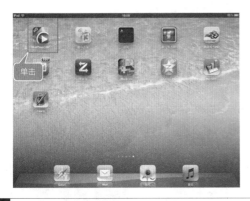

2 进入程序界面

此时，即可进入程序界面，单击【添加】按钮，弹出下拉菜单，单击【创建文稿】选项。

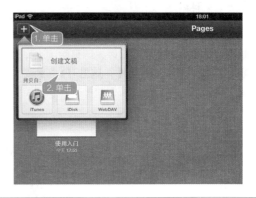

3 进入选取模板界面

此时进入选取模板界面，单击【空白】模板，即可创建空白文档。

4 弹出快捷菜单栏

在文档中输入标题，并长按编辑区屏幕弹出快捷菜单栏，单击【全选】按钮。

5 设置标题格式

选中标题并弹出子菜单栏。将标题字体设置为"黑体-简"，字号为"18"，对齐方式为"居中"。

6 输入文档正文内容

另起一行输入文档的正文内容，文档完成后，退出该应用程序，文档会自动保存。

高手私房菜

技巧：使用iPhone快速编辑并发送文档

使用电脑查看和编辑文档受到时间和地点的制约，出现紧急情况时，公司领导需要你马上浏览一份方案并作出修改，而你又恰巧出差在外，此时如果你身边有部iPhone，那么就万事大吉了！

1 查看邮件附件

在iPhone 的主屏幕中单击【Mail】图标，登录邮箱后单击打开重要的邮件，即可阅读工作相关内容。在邮件下方查看附件，这里有4个重要文档需要立即处理，单击这些文档即可打开并浏览具体内容。

2 单击【DocsToGo】按钮

如果需要修改文档，如这里需要修改Word文档，打开该文档后单击右上方的按钮，在弹出的对话框中选择打开方式，这里单击【打开方式】按钮。在弹出的对话框中选择用哪个软件打开文档，这里选择单击【DocsToGo】按钮。

工作经验小贴士

这里也可以单击【OfficeAssistant】按钮来打开文档。如果使用【DocsToGo】软件打开文档，也可以直接在步骤3中单击【打开方式：DocsToGo】按钮。

3 单击【存储】按钮

此时即可用所选的软件打开文档，为了方便对文档进行修改，需要先将文档另存到本地，在【DocsToGo】的文档内容界面底部单击按钮，在弹出的快捷菜单中单击【另存为】。在【另存为】界面中设置文件名称和保存位置，完成后单击【存储】按钮，即可将文档保存到手机上的当前软件内，并同时返回到文档内容界面，单击该界面左上角的按钮。

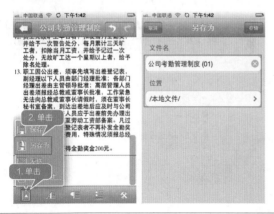

4 修改好文档后发送给他人

进入【Documents】界面，单击需要修改的文档，即可进入并修改文档，具体修改的方法这里就不再赘述，修改后在文档内容界面底部单击按钮，在弹出的快捷菜单中单击【保存】选项，即可保存对文档的修改。将文档发送给他人，需要在文档内容界面底部单击按钮，在弹出的快捷菜单中单击【发送】选项，即可在弹出的界面中输入收件人邮箱地址和邮件的主题，完成后单击【发送】按钮，即可将文档成功发送出去。